智慧的女人会说话会办事

刘艳 编著

TO BE A SMART WOMAN

远方出版社

图书在版编目（CIP）数据

智慧的女人会说话会办事 / 刘艳　编著. ——呼和浩特：远方出版社，2012.11（2023.11重印）

ISBN 978-7-80723-828-7

Ⅰ. ①智… Ⅱ. ①刘… Ⅲ. ①女性 - 成功心理 - 通俗读物 Ⅳ. B848.4-49

中国版本图书馆CIP数据核字(2012)第275382号

智慧的女人会说话会办事

ZHIHUI DE NÜREN HUI SHUOHUA HUI BANSHI

编　　著　刘　艳
责任编辑　胡丽娟
装帧设计　VIOLET Q1152979738
出版发行　远方出版社
社　　址　呼和浩特市乌兰察布东路666号　邮编010010
电　　话　（0471）2236473总编室　2236460发行部
经　　销　新华书店
印　　刷　天津中印联印务有限公司
开　　本　710毫米×1000毫米　1/16
字　　数　242千
印　　张　15.25
版　　次　2012年11月第1版
印　　次　2023年11月第5次印刷
标准书号　ISBN 978-7-80723-828-7
定　　价　48.00元

前言

在如今竞争激烈、优胜劣汰的商业社会，大多数女人活得很辛苦。要想成为一个成功的女人，则要付出更多的努力。因此，有的女人把漂亮当做资本，让自己活得轻松快乐，但韶华易逝，岁月的风霜雨雪会侵蚀她的美丽。有的女人把婚姻当做资本，认为干得好不如嫁得好，但婚姻不仅需要有选择和维系的智慧，而且一个没有内涵的女人也不会得到男人真正的尊重，很难有快乐、幸福可言。基于此，女人需要不断提升自己，使自己更加自信、自立。

其中，说话办事的能力是安身立命之本，是事业成功之基，是爱情婚姻幸福之源。能力决定成败，出色的口才技巧和卓越的办事能力是女人通往成功和幸福的捷径。

当然，说话有说话的智慧，办事有办事的技巧，这就需要有独特的敏感和悟性，在生活中不断总结和思考，并将其与自己的生活融会贯通。

本书从日常生活、婚姻家庭、职场交际、求人办事等方面，介绍得体表达的技巧，让你的话合乎人心，给人自然柔和、如沐春风之感。同时，从心态等方面，阐述了办事的原则、方法，要善于洞察人心，平衡人际关系，尤其是当你有求于人时，更要不卑不亢，见机行事，才能转难为易；要从容自信，刚柔并济，让事情水到渠成。

本书从女人的视角出发，将生活和工作中说话、办事的智慧娓娓道来，结合经典、实用的案例，让你学会说话、办事的方法及技巧，成为一个有内涵、有品位、有智慧的女人。

目录

第一章　人情练达传佳话

第二章 情话绵绵无绝期

第三章 舌绽莲花展风韵

第五章　储蓄人情巧“投资”

第六章　苦练心法谋人生

第七章 把握分寸不失度

第八章　以柔克刚巧示弱

第一章

人情练达传佳话

第一节　说话的尺度与分寸

1. 见什么人说什么话

一个人说话能力的体现，不仅在于声音之美，还在于不断地累积、提炼说话的内容，用特有的敏锐与洞察力去感悟说话的方式。

“话有三说，巧说为妙。”何谓巧说？有时某一人物说出的话语是那时、那地、那情景下最符合他身份、性格的人物语言，与人物背景最为融合，这就是“巧说”。在日常生活中，说话圆融通达，主要体现在说话要分场合，要看“人头”，要有分寸，最关键的是要得体。

说话要得体，首先要对说话对象有所了解。对家人，对亲朋好友，你很熟悉，说话时自然会注意到他们的感受。但对于初次相识的人，要做到这一点就不那么容易了。性别、年龄很好看出来，身份、职业、文化修养等则必须通过沟通去了解。因此，与陌生人见面，不要急于先说，而要先倾听对方的话语。如果对方说话很直，不会拐弯抹角，你也应该坦诚、实在，想到什么就说什么；如果对方彬彬有礼，你也应该文雅、和气、谦逊；如果对方情绪低落，不想说也不想听，你就应该少说几句，或者干脆不说。总之，在了解对方的基础上，说出的话要有礼貌，符合自己的身份。

有一次，孔子带着几个学生出外讲学、游览，一路上十分辛苦。这天，孔子一行来到一个村庄，在一片树阴下休息，正准备吃点干粮、喝点水，不料孔子的马挣脱了缰绳，跑到庄稼地里去吃了人家的麦苗。一个农夫上前抓住马嚼子，将马扣下了。

子贡是孔子最得意的学生之一，一贯能言善辩。他凭着不凡的口才，自告奋勇地要去说服那个农夫，争取和解。可是，他说话文绉绉的，满口之乎者也，天上地下，将大道理讲了又讲，费尽口舌，但农夫就是听不进去。

有一个刚刚跟随孔子不久的学生，论学识、才干远不如子贡，他看到子贡与农夫僵持不下，便对孔子说："老师，请让我去试试看。"

孔子答应了。那个学生走到农夫面前，笑着对农夫说："你并不是在遥远的东海种田，我们也不是在遥远的西海耕地，我们彼此靠得很近，相隔不远，我的马怎么可能不吃你的庄稼呢？再说了，说不定哪天你的牛也会吃掉我的庄稼哩，你说是不是？我们应该彼此谅解才是。"

农夫听了觉得很在理，气也消了一大半，于是将马还给孔子。旁边的几个农夫也互相议论说："像这样说话才算有口才，哪像刚才那个人，说话不中听。"

在交谈中，注意说话对象的身份是十分重要的。如果忽视了这一点，往往会引起别人的反感，甚至造成不必要的矛盾。

一位衣着时髦的白领小姐为购买一件时装而迟疑不决。年轻的女店员忙上前说："这件衣服品位高雅，销路很好，今天早上就卖出好几件。"不料那位小姐听了转身就走。过了一会儿，一位中年妇女来了，准备买一件新潮的马甲。女店员接受刚才的"教训"，便说："这件马甲很气派，一般人穿上还压不住它，从进货到现在还没有卖出一件，看来只有你最适合了。"中年妇女听了，也气呼呼地走了。

女店员说话不看对象，结果惹得顾客一肚子不高兴，自然不会买她的衣服。作为白领，往往追求与众不同的效果。如果自己穿的衣服大街上到处都能看到，那是有失品位的。而对于中年妇女，最怕别人都穿不了的衣服自己才能穿，那说明自己已经老了，赶不上潮流了。由此可见，说话不看对象，就容易事与愿违。

此外，说话还要看对方的心态。不同的人在不同的情况下会有不同的心态，而且有时未必会明显地表露出来，这时作为说话的人，应当洞察对方的心理，以便进行有效交流。

总的来说，说话看对象应注意以下几个方面：

一是性别的差异。对男性，需要采取较强有力的劝说语言；对女性，则可以温和一些。

二是年龄的差异。对年轻人，应采用煽动的语言；对中年人，应讲明利害，供他们斟酌；对老年人，应以商量的口吻，尽量表示尊重的态度。

三是地域的差异。对于生活在不同地域的人，所采用的劝说方式也应有所差别。比如，对我国北方人可采用豪放的态度，对南方人则应细腻一些。

四是职业的差异。不论遇到从事何种职业的人，都要运用与对方所掌握的专业知识关联较紧的语言与之交谈，这样对方对你的信任感就会大大增强。

五是性格的差异。若对方性格直爽，便可以单刀直入；若对方性格迟缓，则要“慢工出细活”；若对方生性多疑，切忌处处表白，应该不动声色，使其疑惑打消。

六是文化程度的差异。一般来说，对文化程度低的人所采用的方法应简单明确，多使用一些具体的数字和例子；对文化程度高的人，则可以采取抽象的说理方法。

七是兴趣爱好的差异。凡是有兴趣爱好的人，当你谈起有关他的爱好方面的事情时，对方都会兴致盎然，无形中也会对你产生好感。

2. 到什么山头唱什么歌

俗话说，“到什么山头唱什么歌”。交谈也是如此，到什么场合说什么话，是高明处世的一个技巧。通常我们需要根据不同的场合来选择合适的话题，这样才能尽快融入当时所处的环境中去。

如果不注意场合，率性而为，就会成为一个不合时宜、不受欢迎的人。比如，在轻松愉快的场合谈论严肃的话题或枯燥无味的学问，肯定会惹人厌烦；在严肃认真的场合开无聊的玩笑，则会让人觉得你有些轻浮，不识大体。

有些女人被认为“少根筋”，就是因为她们说话不看场合。比如，她们在寿宴上对老星大谈人寿保险的好处；对孕妇说这年头养孩子没好处，长大了净给自己气受；对新郎新娘说今天喜宴的菜好吃极了，下回别忘了请我，我一定捧场；对要出远门的人，大谈今年有多少飞机失事的事件……这样的女人经常在不知不觉中伤了人，而自己却谈兴正浓。

而会说话的女人，开口说话之前通常会先了解当时的场合、所处的环境，从而选择不同的表达方式，并把握好分寸。

比如《红楼梦》里的王熙凤，完全称得上是一个“见人说人话，见鬼说鬼话”的女人。

在《红楼梦》第三回，林黛玉丧父后进京城，小心翼翼初登荣国府时，王熙凤的几段话就展现了她“会说话”的超凡才能。她人未到，却先听其笑，先闻其声：“我来迟了，不曾迎接远客！”尚未出场，就给人以热情的感觉。

随后，王熙凤拉过黛玉的手，上下细细打量了一回，仍送至贾母身边坐下，笑着说：“天下竟有这样标致的人物，我今儿算见了！况且这通身的气派，竟不像老祖宗的外孙女儿，竟是个嫡亲的孙女儿，怨不得老祖宗天天口头心头一时不忘。只可怜我这妹妹这样命苦，怎么姑妈偏就去世了！”一席话，既让老祖宗悲中含喜，心里舒坦，又让林妹妹情动于衷，感激涕零。当贾母半嗔半怪说不该再让她伤心时，王熙凤话头一转，又说：“正是呢！我一见了妹妹，一心都在她身上了，又是喜欢，又是伤心，竟忘了老祖宗。该打，该打！”

现代社会也不乏这类“会说话”的女人，她们身处不同的社会环境，从事不同的职业，在这方面都有不俗的表现。因为她们懂得人情世故，知道什么场合说什么话。

处世知识是在社会实践中获得的，但有时对于某些处世知识，人们却没有实践的机会或可能。比如你从甲地到乙地，对甲地的人情世故可能了如指掌，而对乙地可能就很陌生了，但又避免不了要说话。怎么办呢？这就得学、得问。我国历来有“入乡随俗”之说，到哪个地方，就要了解哪个地方的风俗习惯，这样才能取得良好的沟通效果。

有家企业的老板到国外出差，在一家饭店宴请朋友。开席前，他按照中国的处世原则讲了一番客套话：“这里条件差，没有什么可口的饭菜招待各位，粗茶淡饭，略表心意。”不料饭店老板听了却火冒三丈，认为他诋毁了饭店的声誉，非要他公开赔礼道歉不可。

这些话在中国本无可厚非的，但不同地域有不同的处世知识，所谓入乡随俗，一定要尊重当地人的风俗习惯，不可想当然，信口开河。

比如，我们日常跟别人打招呼，可能会说：“吃过了吗？”“上哪儿去呀？”在我们看来，这只是一种问候而已。但是在其它一些国家，这样问却可能让对方以为你真的要请他吃饭。

又如，“你结婚了吗？有几个孩子？”这些对中国人来说很平常的问题，在其他国家则是侵犯了个人隐私

无论在哪里，诸如称呼、访友、求职、待客、赴宴、送礼、赠物、寒暄、探病、致歉、打招呼、打电话、问候、介绍别人、自我介绍、拒绝、祝贺、吊丧等，都各有一套成文或不成文的习惯说法。这些说法一般是自然形成或约定俗成的，只要不脱离社会生活，顺其自然即可掌握。因此，若想提高说话水平，就必须积极投入社会生活，根据不同的需要，选择恰当的适应社会生活需要的处世言辞，这也就是所谓“说话的另一种功夫在言外”。

3. 随机应变巧圆场

人们交流信息、传情达意的一个重要手段就是说话。它所表达的意义是通过人们对发音器官的有意识控制和使用而表现出来的。这种控制和使用很关键的一点是，要根据语境的变化而变化，不生搬硬套。该说不说是失误，不该说乱说是错误，说话恰到好处是识时务。

《红楼梦》中的王熙凤就是典型的能随机应变的代表人物。她非常善于察言观色，经常是对方话还没有说出口，她便已经猜到了；若是对方刚说，她就已经把办法想妥了。这样的例子数不胜数。

林黛玉刚进贾府时，王夫人问："是不是拿料子给黛玉做衣裳呀？"凤姐答："我早都预备好了。"也许她根本没有预备什么衣料，但王夫人却点头相信了。这还是比较平常的察言观色，就是对同一件事，她也能一下子来个一百八十度的大转弯，却说得入情入理，让人听了欢喜。

邢夫人要讨老太太身边的鸳鸯丫头，先找凤姐商量，说老爷想讨鸳鸯做妾。凤姐一听，脱口说："别去碰这个钉子！老太太离了鸳鸯，饭也吃不香，觉也睡不好，何况说老爷放着身子不保养，官儿也不好生做。"转而劝告邢夫人，"明放着不中用，反招出没意思来。太太别恼，我是不敢去的。"

凤姐觉得这件事根本行不通，但邢夫人却听不进去，冷笑道："大家子三房四妾都使得，这么个花白胡子的……"意思是说，要个妾有什么不可以，老太太也未必好驳回，你倒说起不是来了。

凤姐见邢夫人心性大发，知道都是自己刚才那番话惹的，于是立即改口，赔笑道："太太这话说得极是，我才活了多大，知道什么轻重，想来父母跟前，别说一个丫头，就是那么大的活宝贝，不给老爷给谁？"这一番话说得邢夫人又欢喜起来。

同样是讨鸳鸯这件事，一正一反的两番说辞，同出于凤姐之口，居然都通情达理，动听入耳。这种机变之术真是让人叹为观止。

说话是表达自身主张的重要方式。生活中，每个人都有自己的思想和见解，有自己看问题的独特角度，受知识、经验、阅历、年龄等方面的限制，对待同一问题也是仁者见仁、智者见智，会得出不同的结论。

结果千万个，真理只一条。将自己的见解、主张说出来，让人们认同你的思想和结果，即使不完全正确，好的地方被别人借鉴和吸收，自己原来的结论也从别人的评价和看法中得到了完善和补充。这样的说就是一种很好的方式。

某学校举办了一次智力竞赛，主持人问：“三纲五常中的‘三纲’指的是什么？”一名女生抢答道：“臣为君纲，子为父纲，妻为夫纲。”恰好颠倒了三者关系，引起哄堂大笑。

这名女生意识到自己答错后，将错就错，立刻大声说道：“笑什么，解放这么多年了，封建的旧‘三纲’早已不存在，我说的是新‘三纲’。”

主持人问：“什么叫做新‘三纲’？”女生说：“现在我国是人民当家做主，领导者是人民的公仆，岂不是臣为君纲？当前独生子女是父母的小皇帝，家里大小事情都依着他，岂不是子为父纲？在许多家庭中，妻子的权力远超过了丈夫，‘妻管严’比比皆是，岂不是妻为夫纲吗？”

她的话音刚落，场上立刻掌声四起，大家都为她的言论创新叫绝，为她的应变能力叫好。

在现实生活中，有些人拥有一张烫金的文凭和吃苦耐劳、任劳任怨的精神，工作能力也极强，但就是因为不会说话，或者不会说别人爱听的话，做事总是障碍重重。相反，有些人文凭不高，工作能力平平，但因为有一张能说会道的嘴，结果做什么都顺顺利利。这种对比，是无数事实证明的结果。

某电器公司因产品售后问题，遭到了很多客户的投诉。很多记者到该公司采访，他们在公司门口遇到了经理的秘书，便向她询问情况。秘书害怕承担责任，便对记者说："我们经理正在办公室，这个问题你们还是直接采访他比较好！"

于是，记者们如汹涌的浪潮般闯入经理办公室，经理躲避不及，只好硬着头皮应付记者们的狂轰滥炸。事后，经理得知秘书不仅没有提前向自己汇报情况，非常生气，让她加班学习两周的公关危机处理案例。

要做到说话善于随机应变，除了提高自己的文化素养和思想修养外，还必须注意以下两点：

（1）说话时认清自己的身份

任何人在任何场合说话，都有自己的特定身份，这种身份也就是自己当时的"角色地位"。比如，在家庭里，对子女来说你是母亲，对父母来说你又成了女儿，如果用对孩子说话的语气对长辈说话就很不合适，因为这是不礼貌的，有失"分寸"。

（2）说话要尽量客观

这里说的客观就是尊重事实。事实是怎样就怎样，应该实事求是地反映客观实际。有些人喜欢主观臆测，信口开河，这样往往会把事情办糟。当然，客观地反映实际，也应视场合、对象，注意表达方式。

随机应变能力强的人，遇到困境时经常能自圆其说，补救失误，也能反击对方，做到兵来将挡，水来土掩，还能应付意外，出色地完成任务。可以说，灵活地说话是展现一个人才能和智慧的表现，也能增强一个人的魅力，从而在人际交往中处于有利的位置。

4. 话多不如话巧

山不在高，有仙则名；水不在深，有龙则灵。说话亦是如此，话不在多，简要则明；语不在华，中的则灵。听话人一般厌恶空话、大话，而欢迎简明扼要的话语。

的确，“好菜连吃三天惹人厌，好戏连演三天惹人烦”。一个人如果总是喋喋不休、没完没了，就会让人不耐烦。在这个问题上，墨子有一个很形象的比喻：

一天，墨子的弟子问他：“老师，人是说话多好还是说话少好呢？”

墨子沉吟片刻后说：“话不在多少，而在于恰当。田间的青蛙每天都叫个不停，但是人们都不予理睬；而雄鸡每天只是啼鸣二三声，人们就应声而起。”

由此可见，语言作用的大小，不在于“数量”，而在于“质量”。比如，在演讲的时候，有的人长篇大论，滔滔不绝，自我感觉良好，在浪费听众宝贵时间的同时，提供给听众的信息也很有限，并且让人厌烦；而有的人把自己的意思浓缩成一句话，犹如一粒沉甸甸的石子，在听众平静的心湖里激起层层波浪，让人敬佩。

某大学校长经常受邀在宴会上发表演说，有一次，他的演说被排到了最后一个，前面的人都长篇大论，轮到他发言时，时间已所剩不多。于是，他站起来提醒听众，每个演讲者不论用什么形式演讲都应有标点符号，然后他正式开讲：“今天晚上，我就是标点符号中的句号。”仅此一句，便宣告演讲结束。

这位校长的做法很明智。对于女人来说，沉默和巧言是一辈子的课题。一个善于冷静倾听的女人，不但到处受人欢迎，而且会逐渐知道许多事情；而一个喋喋不休的女人，则像一只漏水的船，乘客会纷纷逃离。

有道德者，绝不泛言；有信义者，必不多言；有才谋者，必不滥言。我们说话也要适量，没有把握的事不要乱开口，尤其是在跟比我们有经验、更了解情况的陌生人相处时，因为多说便等于不打自招，暴露自己的弱点，并失去了一个获得智慧和经验的机会。

上海有一家公司规模颇大，求职者络绎不绝。这天，王小姐前去应聘，招聘官对她很满意，让她马上办理相关手续。王小姐在满心喜悦之余，问了一句实在不应该问的话："我能否过完节再来上班？"结果，招聘官表示她不再被录用。王小姐一头雾水，要求给个说法，招聘官则躲进房里，不再出来。

不久，王小姐的手机响了，传来部门经理的声音，说她不该多话，并明确告诉她："我们公司永远不会录用在不恰当的场合说不恰当的话的员工。"

少说话固然有好处，但在激励别人、需要表明态度时，也不能不说话。话多不如话巧，关键在于能一语中的。

诸葛瑾是三国时期孙权手下的大臣，平时话不多，但常常在紧要关头，几句话就能解决问题。

有一次，校尉殷模被孙权误解，要被杀头。众人都向孙权求情，只有诸葛瑾一言不发。孙权问："子瑜为什么不说话？"诸葛瑾说："我与殷模的家乡发生战乱，所以才来投奔陛下。现在殷模不思进取，辜负了您，还求什么宽恕呢？"

短短几句话，让孙权感到殷模不远千里来投奔自己，即使有过错也应该原谅，于是就赦免了殷模。

所以，与其说一些不疼不痒的废话，还不如沉下心来做好手头的事，让自己说的话更有价值。

第二节　常用说话方式与技巧

1. 劝慰：温暖你，温暖我

在日常生活和工作中，每个人都难免遭遇挫折或不幸，由于女人的心性敏感，对生活中的不如意、烦恼、不幸和痛苦反应通常比较强烈，所以经常需要得到别人的安慰。反过来，女人也要学会安慰别人，用适当的语言去化解对方的痛苦和不幸。当然，安慰并不仅仅是说几句让对方宽心的话，安慰也是需要技巧的。恰当的安慰，能让人摆脱苦恼；而不当的安慰，不仅不能帮助对方，反而可能加深对方的伤痛。

比如，朋友生病了，你到医院或家中去看望他，也许会这样安慰他："不要着急，安心休息，你不久一定会康复。"你大概认为，这种安慰方式很不错、很妥善。但从说话的艺术来看，你的安慰只是一种善意的祝福，不能算是劝慰。这话除非出自医生之口，否则病人不会因为从别人口中听到这句话而感到安慰，只会感激你的同情。

那么，安慰别人时究竟该说点什么呢？

（1）劝慰病人，不妨讲点趣闻

事实上，我们所能想到的类似"安心休息"之类的安慰病人的话，病人听得多了，也许早就厌烦了。病期的生活是枯燥的，所以可以将安慰的话语换成有趣的新闻或幽默的话题，让对方从你的探访中得到一点愉悦，这就是最大的安慰了。他可能不会记住你说的劝慰话，但一定会回味你带给他的喜悦。

记住，不要直接问病人的详细病情和调治方法，他也许已经和别人说过100次了。关于这些事情，如果你真的想了解，还是问他的家人比较好。

（2）劝慰家属，切忌提及死者

当死者家属正在为失去亲人而痛不欲生的时候，如果你不停地为死者的去世表示惋惜，只会让死者家属更加悲伤。何必为了表示你的惋惜而重新撩起别人的伤痛呢！

生死似乎永远都是个谜，但若能将谜底揭开，让对方从中悟出道理，使其从苦痛中解脱出来，安慰的目的也就达到了。如果此时你只知道说“这点小困难算什么，何必这么苦恼呢”之类的话，还是不说为妙。因为他觉得这个问题让自己苦恼，而你却说不值得苦恼，这样不仅没有给他安慰，反而让他感到愤怒。即使他不明说，心里也会想：“你懂什么？你只会说风凉话，难道我会为了不值得的事情而自寻烦恼吗？”对此，你不妨借用富兰克林说过的话：“我们的友人和我们都像被邀请到一个无限期的欢乐筵席中，因为他较早入席，所以他也会比我们先行离席。我们是不会如此凑巧的同时离席的，但当我们知道我们迟早也要像他一样离开这筵席，并且一定会知道将在何方可以找到他时，我们为什么对于他的先走一步而感到悲痛呢？”

（3）劝慰失意的朋友，可采用“比下有余”的方式

人总是会有一种比较的心理，当一个人遭遇不幸时，如果看到比自己更为不幸的人，不自觉就会在心里安慰自己，找到一种平衡，不再自怨自艾，产生“知足”的情绪。

小欣在杂志社已经工作两年了，但杂志社一直没为她办调入手续。她对此感到很失望，并对自己的价值产生了怀疑。所有朋友都说她不知足，这工作多风光呀，谁不是毕业拖了几年才找到工作的。这话在她听来无疑是雪上加霜。后来，有个同事了解情况后安慰她说：“其实你可以想想读者啊，多少人希望天天见到你的名字。我认识的好多人都说你的稿子写得好呢！”

如果你尽了力还是不能让对方开心，那就陪他一起骂“可恶的人或事”，至少他会觉得有人和他有同感。更有可能的是，你还没骂够，他就反过来劝你了。

现在的人需要的不是物质上的高度满足，而是一种精神上的慰藉，一份理解的心意。当然，这绝不是安于现状，不思进取，而是让失意者看到自己的优势和长处，以图东山再起。

例如，朋友失业了，不要说：“工作是令人讨厌的，恢复自由是多么好的事情啊！”而要说：“这太突然了，我很遗憾。但我相信，凭借你的能力，会有更好的工作在等着你。”

再如，女友向你哭诉，她和男友分手了，不要说：“我从来都不喜欢那个卑鄙的家伙！”（要是他们最后又重归于好，你就可能失去这个朋友）而要说：“感情破裂总让人难以承受。周末我们组织了一个郊游，你也去散散心吧。”

看到别人的伤痛与不安是件痛苦的事。有些人为了避免说错话，常常选择什么都不说，从而错失表达安慰和关心的时机。或者当别人需要安慰和支持时，往往言不由衷，或不着边际，说了一堆话却无法切入重点。

因此，劝慰别人要注意掌握以下原则：

（1）留意对方的感受

当你去探访一个遭遇不幸的朋友时，一定要记住自己的目的：到那里去是为了支持他，帮助他摆脱困境，让他快乐起来。所以要留意对方的感受，他的情绪有没有好转，是否还在为过去的事情而耿耿于怀，要把全部注意力转移到朋友身上。

不要以朋友的不幸际遇作为引线，而把自己类似的不幸经历拉扯出来，因为那和朋友的不幸没有任何关系。你不能说：“我母亲死后，我有很长一段时间吃不下任何东西。”每个人悲伤的方式并不相同，悲伤的事情也不尽相同，你必须站在朋友的角度，用温暖的言语安慰他。你可以说“相信我，我是过来人，我明白你的心情”，或者“我曾经也痛苦过，但要相信，一切都会好起来的”。

（2）全神贯注地倾听

女人总是习惯于向别人倾诉，但在某些情况下，比如朋友或亲人心里很痛苦，需要向你倾诉的时候，你也要学会倾听。也许他们会一遍又一遍向你重复自己有多么难受，反复告诉你，死去的亲人曾经做过的每一件难忘的事，留给他们的种种美好回忆。这样的事谈得越多，越能产生疗效，使他们尽快回到即将面临的生活中。给对方表达和宣泄的机会，胜过任何语言上的安慰。

（3）注意适当停顿

和对方说话时，一旦发现自己心里响起“我不太明白……”的声音，就要停顿下来，问问对方，将问题弄清楚。此时应提醒自己，不要马上采取那些不自觉产生的机械性行动去说服对方。

停下来思考一下，能让我们停止判断，停止反应，从而理智地对待对方的问题。否则，仅仅通过只言片语就和对方讨论问题的对与错，往往会说出让对方不愉快的话，这样也就失去了安慰的初衷。只有在适当的时机说适当的话，才能达到劝慰的目的。

（4）恰当表明态度和感受

在劝慰别人时要记住，不要强硬地告诉别人“你应该觉得……”或“你不应该觉得……”之类的话，每个人都有权利保有自己真正的感觉，不需要你来左右。我们不需要用“同意”或“反对”来表达同情和关心，但要表明自己的态度和感受，最好与对方感同身受。面对面地劝慰别人，效果究竟如何，其实与你内心真正的状态有很大关系，假如你对对方的遭遇感同身受，那不仅会分担对方的痛苦，也要忍受自己内心的煎熬。而对被安慰者来说，这种感同身受的表现与安慰，正是他们所需要的最好的礼物。

当你掌握了劝慰的技巧，你那温馨的语言就犹如创可贴，在朋友失意的时候，轻轻地为他贴上，可以让他的伤口早日愈合。

2. 赞美：受人欢迎的表达方式

每个人都希望受到别人的赞美，希望自己的价值得到肯定。因此，赞美可以协调人际关系，是比较有效率的沟通语言。从社会心理学的角度来说，赞美也是一种有效的沟通艺术，可以有效缩短人与人之间的心理距离。

回忆自己的成长经历，谁没有热切地渴望过他人的赞美？或是美丽，或是聪慧，或是……既然渴望赞美是人的天性，我们在工作与生活中就应学习和掌握这一人生智慧。

一位著名的企业家说过："促使人们自身能力发展到极限的最好办法，就是赞赏和鼓励……我喜欢的就是真诚、慷慨地赞美别人。"如果你真心实意地想要搞好与周围人的关系，就不要光想着自己的成就、功劳，而要去发现别人的优点、长处和成绩。

真诚地、恰当地赞美他人，犹如增强人与人之间友谊的润滑剂，使自己容易被人接受。如果你在与人交往时易被人接受，易使人亲近，无疑会增添你的信心，使你更大胆地说话，更有勇气参加社交活动。所以，从某种意义上说，能够艺术、中肯地赞美他人，也会增添你说话的信心和魅力。

以下是赞美他人的几个原则和技巧：

（1）要自然诚恳

小丽是一位保险代理人，一天，她到一家小公司去推销保险。进了办公室后，她赞美年轻的老板道："您如此年轻，就做上了老板，真了不起呀！能请教一下，您是多少岁开始工作的吗？"

"17岁。"

"17岁！天哪，太了不起了！很多人这个年龄时还在父母面前撒娇呢。那您什么时候开始当老板呢？"

"2年前。"

“哇，才做了2年老板就已经有如此气度，一般人还真培养不出来。对了，你怎么这么早就出来工作了呢？”

“我还有个妹妹，因为家里穷，为了能让妹妹上学，我就出来干活了。”

“你妹妹也很了不起呀。你们都很了不起呀。”

就这样一问一赞，最后赞到了老板的七大姑八大姨，越赞越远了。这位老板本来已经打算买小丽的保险，结果也不买了。

后来，小丽才知道是自己没完没了的赞美导致了这样的结果。本来刚开始时，那位老板听了几句赞美后，心里很舒服，没想到小丽越夸越离谱，反倒让人觉得不够真诚。

赞美实际上是向对方表示一种肯定、理解、欣赏和羡慕。如果赞美过当，就如隔靴搔痒，起不到什么作用。如果不是真心的，赞美过火，可能会让人反感，觉得你是在拍马屁。

所以，诚恳的态度是关键。只有态度诚恳，赞美才能显得自然，取得理想的效果。

（2）要翔实具体

现实中有非常显著成绩的人并不多，所以，赞美的时候应从具体的事情入手，善于发现别人哪怕是微小的长处，并不失时机地予以赞美。赞美用语越具体，越说明你对他的了解和看重。当对方感到你的真挚、亲切和可信，双方的人际距离就会越来越近。

小王大学毕业后，进入当地的一家电视台做记者。一天，小王与摄像记者一同出去采访，开车的是陈师傅。当时正值上下班高峰时间，路上交通拥挤，陈师傅怕耽搁了小王的采访，车开得稳而不慢。小王见状开口称赞道：“陈师傅，您车开得真好，在这种情况下还能开那么快，实在不简单啊！”

陈师傅听了十分高兴，连忙说：“我给咱们台开了3年车，就你一个人这么夸我。说实话，我也一直觉得自己车技不错呢！”

自此以后，只要小王叫车出去采访，不论远近，陈师傅总会欣然应允，给小王省却了很多麻烦。

如果你只是含糊其词地赞美对方，说一些“你工作得非常出色”或者“你是一位卓越的领导”等空泛的话语，可能会让对方认为你是个油嘴滑舌、别有用心的人，对你失去基本的信任。

（3）要因人而异

不要发愁该赞美别人什么，用心去发现每一个人、每一件事的不同之处，那就是值得你赞美的地方。当你熟练地掌握了赞美的技巧后，一定能够成为一个说话、办事样样行的女人。

比如，对于一位外貌非常漂亮的女性，应避免对其容貌进行赞美，因为她对此已经有绝对的自信。但是，当你转而去称赞她的智慧、仁慈，而她的智力恰巧不如其他人时，你的称赞一定会令她芳心大悦。

又如，面对一个事业有成的男人，如果你赞美他有能力、有才干、有魄力，他顶多也就礼貌地笑一笑。因为他几乎每天都会听到类似的赞美，听多了也就没什么新鲜感了，所以你再怎么卖力地赞美，他也不会心生喜悦。但是，如果你发现他喜欢厨艺，没事的时候也会烧几个菜，你可以对他说：“真看不出来，你的厨艺这么棒啊！”他一定会喜上眉梢，认为你是一个很有眼光的人。或者你发现他喜欢集邮，你可以对他说：“你收集了这么多邮票，一定花费了不少心血吧。”他一定会兴致勃勃地给你讲关于集邮的事情。

人的素质有高低之分，年龄有长幼之别，针对不同的人，赞美的内容要有区别。因人而异，突出个性，有特点的赞美比一般化的赞美能收到更好的效果。同辈人之间，不妨把赞美的侧重点放在能力、学识、思想、工作和为人修养上；对长辈，应注重赞美其经验、成就和健康；对领导，则要着重赞美其管理能力和体贴下属；对经商的人，可称赞他头脑灵活，生财有道；对知识分子，可称赞他知识渊博、宁静淡泊……当然，这一切都要依据事实，切不可虚夸。

（4）抓住容易被忽视的“闪光点”

每个人身上都有可赞美之处，只不过优点有大有小、有多有少、有隐有显而已。而会说话的女人则能独具慧眼，发现对方身上不易被发现的闪光点，并加以赞美。

小兰是一家上市公司的业务部总监。公司的正常运转和盈利状况如何，业务部门的销售业绩是非常关键的一个基础环节。

有一次，业务部门在接洽一个上亿元的大单子，如果这个单子谈成了，这个月就能超额完成任务。然而，对方的负责人刘总监提出了很多要求，而且百般刁难，使谈判陷入了僵局。

小兰压力颇大，决定亲自出马。3天后的一个晚上，小兰和公司老总一起约请刘总监吃饭。席间大家相谈甚欢，彼此抱怨在商场打拼的不易，都没有提到那个单子的事情。

晚宴结束后，饭店经理拿了个很大的签名簿和软笔走进来，请大家留言题字，给饭店提些宝贵意见。刘总监大笔一挥，留下几行潇洒飘逸的书法，大家见了都不由得鼓起掌来。小兰适时夸道：“没想到刘总监能写出这么漂亮的书法，真是让人钦佩啊！不知道您是拜在哪位书法大师的门下？”刘总监虽然表面上不动声色，但是内心其实已经如糖似蜜了。他说：“我哪有拜什么书法大师啊，就是自己喜欢书法艺术罢了，工作之余喜欢写几个字，自得其乐坚持了10多年。小兰女士过奖了！”双方在愉快友好的气氛中分手了。

第二天，小兰接到刘总监的电话，十分客气地告诉她这个单子让他们做，其他的要求就不提了。

也许在有些人看来，能写一手好书法，没什么值得大加赞美的；但小兰却能抓住对方的这个“闪光点”，适时而有度地进行赞美，向对方表示了特别的肯定与敬佩，从而满足了对方的虚荣心，单子的洽谈自然是水到渠成。

（5）背后赞美他人更有效

如果有人告诉你，某某在背后说了许多关于你的好话，你能不高兴吗？这种好话，如果是直接说给你听，可能会适得其反，让你觉得很假，或是疑心对方是否出于真心。为什么间接听来的赞美会觉得特别悦耳动听呢？那是因为你坚信对方是真心地赞美你。

一天，小林跟同事们闲聊，夸了部门经理几句："吴经理这人真不错，处事比较公正，而且愿意指导员工，帮助员工进步。能够跟他共事，真是一种幸运！"

小林的话很快就传到了吴经理耳中，吴经理十分高兴，同时对小林也多了几分好感。

人往往喜欢听好听的话，即使明知对方讲的是奉承话，心里仍会沾沾自喜，这是人性的弱点。一个人听到别人说自己的好话，绝不会感到厌恶，除非对方说得太离谱了。作为一门学问，说好话的奥妙和魅力无穷，然而，最有效的好话还是在第三者面前说。

当你直接赞美对方时，对方极可能以为那是应酬话、恭维话，目的在于安慰自己。而通过第三者来传达，效果便会截然不同。此时，当事者必定认为那是真实的赞美，没有半点虚假，从而容易接受，并对你感激不尽。

3. 批评：不要轻易说出"你错了"

在与别人沟通时，我们既要懂得热情的赞美，也要懂得中肯的批评。批评是为了帮助别人认识错误，改正错误，积极把事情做好，而不是要制服别人或把别人一棍子打死，更不是拿别人出气或显示自己的威风。

一些批评专家认为，未开口批评他人之前，应当首先检讨一下自己所持的态度是积极还是消极。如果有敌意，或者存心找麻烦，那么从你的言语之中必然会反映出来。情绪不好是很难掩饰的，而这种情绪的传染力却很强，一旦对方感觉到这一点，也会受到同样的感染，以致抛开你批评的内容，与你计较起来。这种互为影响的情绪，只会使批评陷入僵局。

狂风暴雨过后，也许你会沮丧地发现，你的“善意”并没有被对方接受，甚至换来的结果让你后悔莫及。

那么，如何才能找到一种正确的批评方法，使忠言不逆耳，从而避开被批评者的不愉快的情绪呢？

（1）启发式批评

我们批评别人，是针对其错误而言的。要帮助对方改正错误，关键还在于“内因”，而批评者的“外因”只能起到一定的辅助作用，要让对方从根本上改正错误，还需要靠其“内因”。

一天，王厂长对工厂进行安全检查，到了中午时分，工人们三五成群地坐着休息抽烟，而他们的头上正好立着一块大牌子，上面写着“禁止吸烟”。如果你是王厂长，你会怎样批评工人？是不是直接走上前去，指着大牌子对他们说：“你们看不到‘禁止吸烟’的标语吗？”或者“你们不识字吗？”

相信很多管理者都会这样做，但是，王厂长没有。他走向那些工人，递给每人一根烟，然后说：“各位，如果你们可以到外面去抽这些烟，我将感激不尽。”工人们立刻意识到自己违反了规定，同时，他们也更加敬重王厂长。

高明的批评者总是逐渐“敲醒”对方，启发其进行自我批评，比如：“你回答得很好，如果能再举个例子说明一下就更精彩了！”“对于这个问题，通常我们应采用哪些方法解决呢？”

（2）迂回式批评

某知名作家在一篇文章里谦虚地谈到他花了15年时间，才发现自己没有写作的才能。结果，一位读者来信对他说："你现在改行还来得及。"作家回信说："亲爱的，来不及了，因为我已无法放弃写作，从原来的喜欢写作到了现在的热爱写作。"这封信后来被刊登在报纸上，人们为之笑了很长时间。

事实上，这位作家的作品闻名遐迩，但他没有直接指责那位读者，而是以令人愉悦的迂回的方式回答了问题，既保护了读者的自尊心，也保护了自己的名誉。

（3）三明治式批评

即对某个人先表扬，再批评，接着再表扬的一种批评方式。就像三明治一样，上面一片面包是沟通开始时，要涂上一层黄油，也就是"甜蜜的开始"；中间夹着两片肉，第一片是分析不足的原因，第二片是提出解决的方法，批评对方的目的不在于批评，而是为了解决问题；最下面一片面包，也就是沟通的结尾时，要给予期望鼓励，使之在获得认同和欣赏的前提下，虚心接受批评，明白问题的原因并进行改进。

美国著名企业家玛丽·凯在《谈人的管理》一书中说道："不要只批评而要赞美，这是我严格遵守的一个原则。不管你要批评的是什么，都必须先找出对方的长处来赞美，批评前和批评后都要这么做。这就是我所谓的'三明治策略'——夹在大赞美中的小批评。"

（4）请教式批评

有个人在一个禁捕的水库内网鱼，不久，远处走来一个警察，捕鱼者心想，这下麻烦了。出乎意料的是，警察走近后不仅没有大声训斥他，反而和气地说："先生，您在这里洗渔网，下游的河水是不是容易被污染呢？"警察的话令捕鱼者十分感动，连忙诚恳地道歉而去。

同样的道理，当你发现有人无意中"伤害"了你，就没有必要厉声训斥他，而应用温和的方式做"冷处理"，效果会更好。

（5）模糊式批评

某单位为整顿劳动纪律召开了员工大会，领导在会上说：“最近一段时间，我们公司的纪律总的来说是好的，但也有个别人表现较差，有的迟到早退，还有的在上班时间聊天……”

这就是一个典型的模糊式批评，其中用了不少模糊语言：“最近一段时间”、“总的”、“个别”、“有的”、“也有的”，等等。这样既照顾了员工的面子，又指出了问题，比直接点名批评效果更好。

（6）幽默式批评

幽默式批评是以不太刺激的方式点到被批评者的要害之处，含而不露，以缓解被批评者的紧张情绪，启发被批评者的思考，增进相互间的感情交流，让批评不仅能达到教育的目的，也能创造一个轻松愉快的气氛。

一位女作家应邀到某校演讲，时间安排在下午第一节课。还没开始讲，她就发现有同学在打瞌睡了。于是，她拍了拍桌子，大声说：“在这个闷热的午后，各位要听我这个老太婆说话，一定很想打瞌睡，不过没关系，各位可以安心地睡。但有两个原则，一是姿势要优雅，不能趴在桌子上；二是不准打呼噜，以免干扰他人。”她说完后，全堂哄然大笑，没有一个人再打瞌睡。

（7）间接式批评

当被批评者对批评很敏感时，批评不妨婉转一点，欲擒故纵、迂回包抄、以退为进都能取得较好的效果。

齐景公酷爱打猎，非常喜欢喂养捉野兔的老鹰。一天，烛邹不当心，让一只老鹰逃走了。景公知道后大发雷霆，下令将烛邹推出斩首。

晏子知道后，对景公说：“烛邹有三大罪状，哪能这么轻易就杀了？

待我公布他的罪状后再处死吧！”景公点头同意了。

晏子指着烛邹说道：“烛邹，你为大王养鹰，却让鹰逃走了，这是第一条罪状；你使得大王为了鸟的缘故要杀人，这是第二条罪状；把你杀了，让天下诸侯都知道大王重鸟轻士，这是你的第三条罪状。好了，大王，请处死他吧。”

景公听了满脸通红，半天才说：“不用杀了，我听懂你的话了。”

晏子批评景公的方式不同寻常，表面上他在数落烛邹的罪状，实际上是批评景公重鸟轻人的错误。这样的批评婉转含蓄，不会伤到被批评者的自尊心。

4. 拒绝：别太难为自己

女人在与人相处的时候，总是不好意思也不习惯拒绝别人。但在很多情况下，为了避免多余的困扰，有必要对一些不合理或不合自己心意的事说“不”。

就拒绝行为的双方而言，主动拒绝的人是站在有利的立场上。但若拒绝时没有采用合适的方法或相应的技巧，就可能给对方造成伤害，甚至引发怨恨和不满。

既要给别人留足余地，又要顾及自己的利益，为此我们只能学习一些拒绝的技巧与方法，把拒绝的话说得委婉一点，不太过刺伤对方，也不麻烦自己。

小慧是一家私营企业的人事主管，公司所有部门用人都要通过她。一个邻居知道她们公司企划部要招人，想给她推荐一个人。小慧同意了，让邻居带着求职者来面试，结果很不理想。同意录取吧，养了个庸才，而且会破坏公司的进人制度，而且因为私人情感影响公司的利益和发展。不录取吧，邻居一直待自己不错，碍于面子不好拒绝。

小慧向好友诉说了这件事，好友提出了三个建议：要摆明公司实际情况，让邻居及求职者明白不录取的客观原因；要顾全邻居的面子，免伤自尊与和气；从大处、长处着想，应当拒绝。

在好友的建议下，小慧首先请邻居参观了解公司各部门人员忙碌的情况和做事的难度，以及进入的规章制度，然后指出："公司今年刚刚转型，需要招聘一些有经验的人才。您介绍的这个小伙子，所学专业与我们不对口，一方面怕荒废了他的所学专业，另一方面，公司那边没有通过。如果有别的合适的单位，可以先告诉我，我再想办法让他去试试。"

小慧通过让邻居了解实际情况，以专业不对口和公司方面不通过进行拒绝。即使不拒绝，求职者也很可能会畏缩。此外，以本单位不适合，还有别的单位可能接收的话语，留给对方一条后路。

助人为快乐之本。每个人都希望自己成为别人眼中的好人，但要做个有求必应的"好好小姐"并不容易。如果你当面不好意思说"不"，轻易承诺了自己无法履行的事情，只会给自己带来更大的困扰。

拒绝不等于无情无义，也不是一意孤行，有时拒绝甚至能够成为人格与个性的完美结合。下面介绍几个拒绝的技巧：

一是保持相应的回应。女人心思细腻，所以拒绝要根据对方的性格，采用不同的方式。有的人喜欢直截了当，如果你想拒绝，态度宜坚决而直接，如："感谢你看得起我，但现在不方便。""对不起，我不能帮忙。"尝试用你的身体语言强调"不"，不需过分道歉。记住，你不允许就能拒绝。

有的人喜欢含蓄委婉，这时就要婉转地拒绝。真正有不得已的苦衷时，如能委婉地说明，以平和的态度拒绝，对方还是会感激于你的诚恳。

二是不要立刻就拒绝。有时拒绝是一个漫长的过程，对方会不定时提出同样的要求。立刻拒绝，会让人觉得你是一个冷漠无情的人，甚至觉得你对他有成见。给自己一些时间，在空闲时考虑考虑，你会更有信心地拒绝。若能化被动为主动地关怀对方，并让对方了解自己的苦衷与立场，可以减少拒绝的尴尬与影响。当双方的情况都改善了，就有可能满足对方的要求。

三是不要轻易地拒绝。有时候轻易地拒绝别人，会失去许多帮助别人、获得友谊的机会。

四是不要在盛怒下拒绝。盛怒之下拒绝别人，容易在语言上伤害别人，让人觉得你没有同情心。

五是不要无情地拒绝。无情地拒绝就是表情冷漠，语气严峻，毫无通融的余地，会令人难堪，甚至反目成仇。

六是不要傲慢地拒绝。一个盛气凌人、态度傲慢不恭的人，任谁也不会想要亲近他。何况当别人有求于你，而你以傲慢的态度拒绝，对方更是不能接受。

七是要有笑容地拒绝。拒绝的时候，要面带微笑，态度庄重，让别人感受到你对他的尊重和礼貌，这样就算被你拒绝了，也能欣然接受。

八是要有代替地拒绝。别人求你帮忙，你帮不上忙，可以在拒绝的同时提供其他方法，帮他想出另外一条出路，实际上还是帮了他的忙。

九是区分拒绝与排斥。记住你是拒绝请求，而不是排斥一个人。通常人们都会明白，你有拒绝的权利，就像是他们有权利请求帮助一样。

当然，拒绝时在语言表述上也有讲究，以下是常用的一些方法：

谢绝法："对不起，这样做可能不合适。"

婉拒法："哦，是这样！可我还没有想好，考虑一下再说吧。"

不卑不亢法："我明白了，可是你最好找对这件事更感兴趣的人，好吗？"

幽默法："啊！对不起，今天我还有事，只好当逃兵了。"

无言法：运用摆手、摇头、耸肩、皱眉、转身等身体语言和否定的表情来表示拒绝的态度。

缓冲法："我再和朋友商量一下，你也再想想，过几天再决定好吗？"

回避法："今天咱们先不谈这个，还是说说你关心的另一件事吧。"

严词拒绝法："这可不行。我已经想好了，你不用再费口舌了！"

补偿法："真对不起，这件事我实在爱莫能助。不过，我可以帮你做另一件事！"

借力法："你问问他，他可以作证，我从来干不了这种事。"

一拖再拖法："这件事我们还要研究研究。""我还要考虑考虑再说。"

自护法："你为我想想，我怎么能去做没把握的事？你想让我出洋相啊！"

在拒绝的过程中，除了技巧，更需要有发自内心的耐心与关怀。若只是随随便便地敷衍了事，对方其实都感受得到，这样会让人觉得你是一个不诚恳的人，对你的人际关系伤害更大。

总之，只要你真心地说"不"，对方一定会了解你的苦衷，而且你也成功地拒绝了别人。

当然，人际交往中，若能凡事多为他人着想，多给别人留一些余地、一些包容、一些方便，少一些拒绝，少一点难堪，必能赢得别人的信任。反之，如果你总是轻易地拒绝一些因缘、机会，久而久之就会失去一切。因此，做人不要轻易拒绝别人，而要随顺因缘，如此必能拥有更多学习、成长的机会。

5. 说服：心服胜于口服

在日常生活和工作中，我们常常希望把自己的观点、想法和思路准确有效地传达给别人，并且希望对方能够接受我们的意见或建议，然后付诸实施，这个过程就是说服。

良好的说服技巧往往能够使人际关系变得融洽，而在说服的过程中，也不可避免地会遇到双方观点不同的情况。如果处理不好，往往会给人际关系造成直接或间接的伤害。因此，说服技巧和处世应变能力就成了维系人际关系的重要因素。

（1）站在对方的立场

当彼此观点存在分歧的时候，你也许曾试图通过说服来解决问题，结果却发现遇到了前所未有的困难。其实，导致说服不能生效的原因并不是我们没有把道理讲清楚，而是因为劝说者与被劝说者固执地坚守各自的立场，不替对方着想。如果换个位置，被劝说者也许就不会“拒绝”劝说者，劝说和沟通就会容易得多。

（2）通过赞扬调动热情

每个人的内心都有自己渴望的“评价”，希望别人能够了解并给予赞美，所以，适时地给予同伴鼓励与赞扬，往往会使双方的关系更加趋于亲密。比如，在职场中，上级对下属的赞扬就显得尤为重要。当下属由于非能力因素，借口公务繁忙而拒绝接受某项工作任务时，作为领导的你为了调动他的工作积极性和热情，可以这样说：“我知道你很忙，抽不开身，但这件事情只有你才能解决，我让其他人去做没有把握，思前想后，觉得你才是最佳人选。”这样一来，就使对方无法拒绝，巧妙地使对方的“不”变成“是”。

这个说服的技巧主要在于对对方某些固有的优点给予适度的赞扬，使对方得到心理上的满足，减轻挫败时的心理困扰，使其在较为愉快的情绪中接受你的劝说。

（3）以真心打动别人

大多数情况下，在进行说服的时候，很大程度上可以说是对对方情感的征服。只有善于运用情感技巧，动之以情，以情感人，才能打动人心。感情是沟通的桥梁，要想说服别人，就必须跨越这样一座桥，才能攻破对方的心理壁垒。因此，劝说别人时，你应该做到推心置腹，讲明利害关系，使对方觉得双方是在公正地交换看法，而不是抱有个人目的，更没有丝毫不良企图。

（4）通过激励说服

人的行为都是因为受到了激励，你的任务就是找出激励人的因素，然后给予激励。人有两大激励因素：对获得的渴望和对失去的恐惧。

你必须经常思考如何让人们做你想让他们做的事情，以达到你的目的。

害怕失去同样激励着人们的行为。这种恐惧，不论形式如何，通常强于对获得的渴望。人们害怕失去金钱财富，失去健康，失去爱，以及任何他们努力想要得到的东西。如何避免失去这些东西，是说服的关键。

只要你能让人明白，通过做你想让他们做的事情，他们就能避免某些损失，你就能影响他们去做特定的事情。当然，如果你提供的机会既能带来收获，又能避免损失，那就最好不过了。

（5）共同意识的作用

朋友之间或多或少都会存在某些“共同意识”，因此，在谈话过程中出现矛盾的时候，你应该敏锐地把握这种共同意识，以便求同存异，缩短与对方的心理差距，进而达到说服的目的。

（6）顾全别人的面子

现实中，相信每个人都因为面子而与别人发生过或多或少的冲突，这是因为每个人都很在乎它。因此，在说服别人的时候，你要尽量考虑到保全对方的颜面，只有这样，说服才有可能获得成功。比如，对工作方法有不同意见，你可以这样说：“当然，我完全理解你为什么会这样设想，因为你那时不知道那回事。”“最初我也是这样想的，但后来当我了解到全部情况后，我就知道自己错了。”这样的表达可以将对方从自我矛盾中解放出来，使他体面地收回之前的立场，而你们之间的关系也不会受到任何负面影响。

（7）利用丰富的表情和语调

说服别人一定需要好口才吗？其实，在说服过程中，语言信息的比例只占不到20%，80%以上都是非语言信息。所以，即使没有好口才，只要你能掌握说服和沟通的心理学，你也能“投人所好”，顺利地说服别人。

说服的关键在于让别人发自内心地认同你的观点和想法。所以，说服的时候，你的表情和语调很重要。你的同情和关心、厌恶和鄙视、信任和尊重、原谅和理解、容纳和排斥、愤怒和反感、欣慰和喜悦等，都将从你的面部表情及说话的声音中暴露出来。如果你一脸鄙夷，永远也不会得到别人的认同。

女人较之男人来说，感情更为细腻、敏感，所以一定要善于运用表情和语调，以增强说服的效果。比如，当谈到对方遭遇到的不幸和灾难时，应当自然地流露出同情、关心和安慰的情态；当谈及对方的思想和工作有进步、有成绩的时候，应当适时流露出喜悦和欣慰的情态，等等。

菲菲大学毕业后，在一家高级珠宝店找到了一份销售珠宝的工作，这天，店里来了一位衣衫褴褛的青年人，他满脸悲愁，双眼紧盯着柜台里的那些宝石首饰。

这时，电话铃响了，菲菲去接电话，不小心碰翻了一个碟子，有6枚宝石戒指落到了地上。她慌忙拾起其中5枚，但第6枚怎么也找不着。此时，那位青年正慌忙朝门口走去，她马上意识到那枚戒指在哪儿。当青年走到门口时，菲菲叫住他，说："对不起，先生！"

青年转过身来，问道："什么事？"

菲菲望着他抽搐的脸，一声不吭。

青年又补问了一句："什么事？"

菲菲这才神色黯然地说："先生，这是我的第一份工作，现在找工作很难，是不是？"

青年很紧张地看了菲菲一眼，抽搐的脸慢慢浮现出一丝笑意，回答说："是的，的确如此！"

菲菲说："如果把我换成你，你在这里会干得很不错。"

终于，青年退了回来，把手伸给她，说："我可以祝福你吗？"

菲菲也立即伸出手来，两只手紧握在一起。她仍以十分柔和的声音说："也祝你好运！"

青年转身离去了。菲菲走向柜台，把手中握着的第6枚戒指放回原处。

青年算不算盗窃，咱们暂且不论，按照人们一般的处理方法，不外乎大喊大叫，设法抓住偷窃者。但故事中的女主人公却用同情的面部表情和尊重的语调说服了青年，让他主动归还了戒指。试想一下，如果女主人公非常恼怒地呵斥青年，会有这样美好的结局吗？绝对不可能，说不定她还会因此而受到伤害。

说服力强的女人，能通过目光、眼神来准确地反映她的思想态度。在某种情况下，一个眼神就是最佳的辅助说服方法，抵得上千言万语。

6. 争辩：永远没有胜者

有时，人们谈话的目的是想知道别人对某件事的意见跟自己是否一致，希望别人跟自己有同样的看法。这时，如果谈话双方的意见一致，双方都会感到一种同情的安慰；如果发现有差异，也会感到这是一种刺激，引起互相辩论，并把争辩引向不受情绪控制的方向。但是，争论如同争斗一样，永远没有赢家。失利的一方固然倒霉，胜利的一方也很“受伤”。卡耐基曾经说过这样一句话：“天底下只有一种方法能得到争论的最大利益，那就是避免争论。”

小欣是一家西点屋的店长，对人和蔼可亲，店员们都很喜欢她。

一天下午，小欣正在办公室整理资料，一个店员突然跑进来，说餐厅内有个顾客正在发脾气。小欣走出去，只听顾客指着面前的杯子大声吼道：“你们店是什么态度？给我的牛奶是坏的，把一杯红茶都糟蹋了。”

小欣忙上前赔不是，并要求店员给他换了杯新的红茶。新红茶很快就准备好了，碟边摆放着新鲜的柠檬和牛乳，跟前一杯一模一样。小欣把茶轻轻放在顾客面前，轻声说道：“您好，我想建议您一下，如果放柠檬，就不要加牛奶，因为有时柠檬酸会造成牛奶结块。”

听了小欣的话，顾客的脸一下子红了，再也没有说什么。

事后，店员微笑着问小欣，明明是那个顾客的错，而且顾客语气粗鲁，为什么还对他那么客气？小欣却认为，正因为顾客态度粗鲁，更要用婉转的方式对待。理不直的人，常用气壮来压人；理直的人，要用气和来交朋友。

听了小欣的话，店员们对她更加敬佩了。

有句话说得好，“恨不止恨，爱能止恨”。很多时候，即便你是绝对有理的一方，若采用争论的办法要求对方认可，这种意见的分歧就将永远存在。争论永远不能让你得到满足，但让步却可以让你得到更多。让步不是怯懦胆小，而是建立人与人之间良好关系的法宝，是为人处世的一种优雅风度。这种风度是具体可感的，只要你拥有了这种风度，就一定能够赢得周围人的信服与好感。

有些女人在与人交往的过程中总是喜欢争辩，即便无理也要强辩三分。但如果你总是想推翻别人的观点，即便赢了，最终也难免落得个孤家寡人的下场。因为每个人都渴望被认可、被承认，如果你常常在与朋友相处的时候与其争论，时间久了就会被认为是乏味无趣的人，使人敬而远之。

小倩去参加一个朋友的婚礼，席间有位年轻人在说明新郎与新娘的关系时，用了“青梅竹马”这个成语。但他为了夸耀自己的博学，还念出了一句诗：“郎骑竹马来，绕床弄青梅。”这句诗倒没错，但是他却把作者记错了，原本作者是李白，他却说是宋代词人李清照。

小倩毕业于中文系，加上年轻气盛，就毫不客气地当着众人的面，纠正那人的错误。她不说还好，这样一说，那人反倒更加坚持自己的意见了。于是，两人开始争论，各不相让。小倩无意中发现自己的大学老师就坐在邻桌，高兴地说：“咱们别争了，不如找个专家给评评理。”

那个年轻人也不甘示弱：“评理就评理，谁怕谁！”

没想到老师却对小倩说：“我现在也不敢确定，得回去查查资料。”

小倩为此感到非常没面子，她不相信老师这么有学问的人也会忘记这首诗。回去的时候，她又去找老师，还未等她说话，老师就说：“刚才你说对了，那首诗是李白写的《长干行》。”

小倩一听有点糊涂了，纳闷地问：“那刚才你怎么说不清楚呢？”

老师看了看她，温和地说：“你说的一切都对，但我们都是客人，何必在那种场合给人难堪？他并未征求你的意见，只是发表自己的看法，对错根本与你无关，你与他争辩有何益处呢？在社会上工作也别忘了这一点，永远不要和别人做无谓的争辩。”

是的，永远不要与人进行无意义的争辩，那样只会引起别人的反感。如果你与人争辩的动机，是出于想要证明自己是对的、为自己辩白或赢得听众的信服，那么你永远不会受到别人的欢迎。

为了避免无益的争辩，你不妨对以下问题进行冷静思考：

（1）即使你最终获得争辩的胜利，它又有什么意义？如果没有什么积极意义，大可不必动用你的“唇枪舌剑”，不妨一笑置之。同样，你向别人提出“挑战”的时候，一定要选择有价值的，通过争论使自己和他人都能受到启发和教育的问题，不必在无关宏旨的细节上做文章。

（2）你辩论一番的欲望更多的是基于理智还是感情原因？辩论的实质是探求真理，是理智的。而女人多是感性的，她们跟人争论的时候，常常是因为虚荣，因为面子，这就与辩论的实质——探求真理背道而驰了。所以，最好不要做这种无所谓的争论把彼此引入受伤的歧途之中。

（3）对方是充满敌意的吗？对你有深刻成见吗？如果是，在这种非理性的氛围中最好不要再火上浇油。同样，如果你是出于这样一种心理，绝对不要向对方提出论题辩论，因为此时你提不出理性的论点，在辩论一开始就注定了失败的命运。

记住，争辩永远没有胜者，即便赢了争论，也会付出失去朋友的代价。

7. 应答：解难不可缺少机智

在生活和工作中，每个人都免不了要回答一些问题，如会议上、应聘时、座谈中、媒体采访时，有时对方的问题很不好回答，或问话很不友善，让你感到难堪。在众目睽睽之下，想回答心有不甘；不回答，多事之人又缠住不放，让你有失风度和礼貌，甚至被视为无能。

那么，有没有好的应答方法呢？答案是肯定的。

一个女演员主演了一部电影，因为表现出色，引起了世人的注目。在电影的首映式上，一个记者问她：“你对自己的相貌如何评价？”

要自己评价自己的相貌，这的确是个难题，因为说自己漂亮或不漂亮都不妥当。女演员灵机一动，指着自己的小虎牙笑着说：“我觉得我的牙齿很漂亮，因为它整齐而与众不同。”说完，她对记者报以灿烂的一笑。她机智的回答赢得了记者的赞叹。

生活中不可缺少机智，在人际交往中，随机应变地回答问题可采用以下方法：

（1）移花接木，李代桃僵

“李代桃僵”是代人顶替的意思。有时我们会碰到一些不方便或不必回答的问题，这时，保持沉默不太好，使用“无可奉告”的外交辞令有时也不大礼貌。所以不妨“偷换概念”，故意曲解对方的原意，这就叫“移花接木”、“李代桃僵”。

一个被指控酒后开车并被判拘留半年的司机，在法官面前申诉说：“我只是喝了些酒，并没有像指控书里说的那样醉了。”

法官微微一笑，说：“正因为这样，我们没有判处你监禁半年，而只判拘留你六个月。

法官的解释既回避了司机的无理纠缠，又让司机明白了“喝了酒”开车与“喝醉了酒”开车的区别，就如“监禁半年”和“拘留六个月”的区别一样，只是说法不同而已。

（2）妙用“模糊语言”

模糊语言常用于不必要、不可能或不便于把话说得太实太死的情况，这时就要求助于表意上具有“弹性”的模糊语言。随机应变，尤其需要模糊语言。

在一次宴会上，大家酒过三巡，开始喝酒行令，一位男士输掉了一局，得到的惩罚是：猜身边一位女士的年龄。这位女士大约三十几岁的样子。但是，在公众场合猜女士的年龄很不礼貌，所以大家都觉得有些尴尬。只听那位男士不慌不忙地说道："以这位小姐年轻的样子，应该减去10岁；但以她的智慧，又应该加上10岁。"

这个回答虽然没有明确说明女士的年龄，却取得了很好的表达效果。

（3）以谬治谬，以毒攻毒

谈话时，对方故设"陷阱"，以谬论相刁难，无非是想让你陷入进退两难的局面。答则显示无知，不答则表明无能。这种情况用"以谬治谬"之法最为恰当。

隋朝时有一善辩者，一次，有人问他："腊月时，家人被蛇所伤，怎样医治？"他应声答道："取五月五日南墙下雪涂之，即愈。"那人反唇相讥："五月哪里得雪？"这位善辩者笑道："腊月何处有蛇？"

由于提问者的话本身就是荒谬的，对于荒谬的回答自然就丧失了指责的权利，刁难别人也就成了自我出丑，陷阱不攻自破。

（4）借物联想，谐音双关

联想手法由此及彼，也可应用于随机应变，还可借助谐音双关，即使面对十分艰难的局面也能睿智巧答，从容应付。

古时候有个叫薛登的人，其父身居宰相之位。奸臣金盛为了陷害他，便从薛登身上开刀，用激将法引诱薛登砸坏了皇门边的一只木桶。皇帝大怒，立即向薛登问罪："大胆薛登，为什么砸碎皇门之桶？"薛登略一思忖，反问："皇上，你说一桶（统）天下好，还是两桶天下好？"皇帝说："当然是一统天下好！"薛登高兴地拍起手来："皇上说得好，一统天下好，所以，我便把那只多余的桶砸了。”皇帝转怒为喜，连连夸奖薛登聪明，薛父教子有方。

一场弥天大祸，由于薛登巧用谐音，随机应变，消除于口舌之间。

（5）幽默俏皮，以笑解围

幽默是最好的润滑剂。即使遇到十分棘手的难题，或意外的抢白、嘲讽，甚至不怀好意的侮辱或挑衅，机智的幽默语言也能助你摆脱窘境，使尴尬或严峻的局面消失在笑声中。

比如你在大庭广众之下受到指责：“你说这种话真叫人莫名其妙。”叫你当众下不了台。如果你听后付诸一笑，幽默地说：“哦，我还以为你听不出我是根本不懂这个问题呢。”一句自我解嘲的戏言，可以帮助你走出窘境。总之，插科打诨往往有利于绕过实质性问题的礁石，达到应变的目的。

（6）弥补失误，顺理成章

虽说一言既出，驷马难追，但口头表达由于时间紧促，不容周全地考虑，这“一言”往往容易发生差错，这就需要说话者灵活应变，弥补过失，纠正偏颇。

某演唱家有一次唱《珍珠塔》时，不慎把“丫鬟移步出了房”唱成“出了窗”，听众哄堂大笑。他毫不惊慌，镇静地补了一句“到阳台去晒衣”，听众报以热烈的掌声。不料他再次疏忽，把“六扇长窗开四扇”唱成“开八扇”，观众静听他如何补误，只听他唱道：“还有两扇未曾装。”顿时满堂喝彩。

这位演唱家用补救法，取得了反败为胜的效果。

8. 说谎：善意的谎言也有力量

诚实是做人的根本。但在现实社会中，很多情况下我们要说一些善意的谎言，让爱自己和自己爱的人生活得更美好。

善意的谎言，体现着情感的细腻和思想的成熟，促使人坚强执着，不由自主地去努力、去争取，最后战胜脆弱，绝处逢生。

一架运输机因为在沙漠里遇到沙尘暴而迫降，飞机出现严重故障，无法恢复起飞，通信设备也损坏了，无法与外界联络。9名乘客和1名驾驶员陷入绝望之中，求生的本能使他们为争夺有限的干粮和水而大动干戈。

紧急关头，一个临时搭乘飞机的女乘客站出来说："大家不要惊慌，我是飞机设计师，只要大家齐心协力听我指挥，就可以修好飞机。"她的话好比一针强心剂，稳定了大家的情绪。他们自觉节省水和干粮，团结起来和风沙、困难做斗争。

十几天过去了，飞机并没有修好，但有一队往返沙漠里的商人驼队经过这里搭救了他们。这时，人们才发现，那个女乘客根本不是什么飞机设计师，而是一个对飞机构造略有了解的机械工程师。于是，有人骂她是骗子，愤怒地责问她："大家命都快保不住了，你居然还忍心欺骗我们？"女乘客说："假如我当时不撒谎，大家能活到现在吗？"

善意的谎言是生活的希望，是沙漠中的绿洲，它有时真的改变了我们生命的轨迹。

当我们为了他人的幸福和希望，适度地扯一些小谎的时候，谎言就变成了理解、尊重和宽容，具有神奇的力量。父母的一句谎言，让涉世不深的孩童脸若鲜花，灿烂生辉；老师的一句谎言，让彷徨的学子不再困惑，更好地成长；医生的一句谎言，让恐惧的病人由毁灭走向新生……

有本杂志上曾刊载一个真实的故事：

一位妈妈第一次参加儿子的家长会。幼儿园的老师说："你的儿子有多动症，在板凳上连3分钟都坐不了，你最好带他到医院看一看。"回家的路上，儿子问她，老师都说了些什么。她鼻子一酸，差点流下泪来，因为全班几十位小朋友，唯有他表现最差；唯有他，老师表示不屑。但是，她告诉儿子："老师表扬你了，说宝宝原来在板凳上坐不了1分钟，现在能坐3分钟了。其他的妈妈都非常羡慕妈妈，因为全班只有宝宝进步了。"那天晚上，儿子破天荒地吃了两碗米饭，并且没有让人喂。

儿子上小学了。家长会上，老师说："这次数学考试，你的儿子考得很差，我们怀疑他的智力有些障碍，你最好能带他去医院查一查。"回家的路上，她流下了泪。然而，回到家里，看到诚惶诚恐的儿子，她突然想起了第一次参加家长会的情景，便打起精神对儿子说："老师对你充满信心。他说了，你并不是一个笨孩子，只要能细心些，会超过你的同桌。"说这话时，她发现，儿子黯淡的眼神一下子充满了光芒，沮丧的脸也舒展开来。第二天上学时，儿子去得比平时都要早。

儿子上初中，又一次家长会。她坐在儿子的位子上，等着老师点她儿子的名字，因为每次家长会，她儿子的名字总是在差生的行列。然而，这次却出乎她的意料，一直到结束她都没有听到儿子的名字。她有些不习惯。临别时，她去问老师，老师告诉她："按你儿子现在的成绩，考重点高中有点危险。"她怀着惊喜的心情走出校门，发现儿子在等她。她扶着儿子的肩膀，心里有一种说不出的甜蜜，对儿子说："班主任对你非常满意，他说了，只要你努力，很有希望考上重点高中。"

儿子高中毕业了。第一批大学录取通知书下达的那天，学校打电话让她儿子到学校去一趟。她有一种预感，儿子被一所985的大学录取了，因为报考时，她对儿子说，她相信他能考取这所学校。

这个故事让我们明白了一件事，那就是如果没有妈妈的一次又一次美丽的"谎言"，如果没有妈妈的一次又一次地呵护着儿子的自尊，如果没有妈妈的一次又一次地鼓励儿子，就不会最终成就儿子的辉煌。

善意的谎言具有神奇的力量，鼓舞人们一次又一次地做着进步的努力，为了心中的梦想绝不轻言放弃。因为未来的道路完全被欢乐的心情照亮，生活因此变得更加美好。

美国著名作家欧·亨利的小说《最后一片叶子》里讲述的就是一个善意的谎言的故事。当生病的老人望着凋零衰落的树叶而凄凉绝望时，充满爱心的画家用精心勾画的一片绿叶去装饰那棵干枯的生命之树，从而维持了一段即将熄灭的生命之光。

这难道不是谎言的极致吗？如果开诚布公、直截了当是一种错误，我们就选择谎言。如果真情告白、坦率无忌是一种伤害，我们就选择谎言。如果是为了使自己或他人不再痛苦、不再忧伤，学会说谎又有何妨？

9. 开玩笑：小心触动别人的痛处

日常聊天时，开个得体的玩笑，可以松弛神经，联络感情，活跃气氛，所以诙谐幽默的人常常会受到别人的喜爱。不过，开玩笑也要讲究分寸，如果玩笑开得不好，不仅达不到聊天的本来目的，还可能适得其反，伤害彼此的感情。

小芸平时爱说爱笑，性格开朗活泼。在一次同学聚会上，她遇到了朋友小章。小章是个秃头。当得知他最近高升后，小芸快言快语地说："你小子可真行啊，真是热闹的马路不长草，聪明的脑袋不长毛。"说得大家哄堂大笑，小章红了脸，说："你的脑袋才不长毛呢。"结果，原本高兴的同学聚会闹了个不欢而散。

人的性格、脾气和爱好各不相同，因而开玩笑也要因人而异，还要注意长幼关系。长者对幼者开玩笑，要保持长者的庄重身份，让幼者不失对长者的尊敬；幼者对长者开玩笑，要以尊敬长者为前提。而且，开玩笑还要注意男女有别。男性一般对语言的承受能力较强，一般的玩笑不会让其感到太尴尬；而女性则相反，不得体的玩笑很容易让其难堪，甚至下不了台。所以，开玩笑前一定要先想一下对方的性格是什么样的，你和对方的关系如何，开这样的玩笑对方是否能接受。

开玩笑本来是一种调解谈话气氛的良好方式，如果让对方太难堪，就不是开玩笑之道。你笑同学考试不及格，笑朋友怕老婆，笑亲戚做生意上了当而亏本，笑同伴在走路时跌了跤……这些都是需要同情的事件，你却拿来取笑，不仅会让对方难以下台，而且还表现得你很冷酷。同样，也不可拿别人生理上的缺陷如，斜眼、麻面、跛足、驼背等，作为开玩笑的话题，对于别人的不幸，应该给予同情才是。

一天，小李和几个同事在办公室聊天，提起她昨天配了一副眼镜，于是拿出来让大家看看她戴眼镜好看不好看。大家不愿扫她的兴，都说很不错。这时，老王想起一个笑话，便立刻说了出来：

“有一个老小姐走进皮鞋店，试穿了好几双鞋子，其间，鞋店老板蹲下来替她量脚的尺寸，谁知这位老小姐是个近视眼，看到店老板光秃秃的头，以为是自己的膝盖露出来了，连忙用裙子将它盖住，接着她听到了一声闷叫。‘混蛋。’店老板叫道，‘保险丝又断了！’”

老王的笑话在办公室引起了一片哄笑声，谁知事后从未见到小李戴眼镜，而且她碰到老王再也不和他打招呼了。

其中的原因不言自明。说者无心，听者有意。在老王看来，他只联想起一则近视眼的笑话，小李则可能认为：别人笑我戴眼镜不要紧，还影射我是个老小姐。

所以，说笑话要先看看是对谁说，会不会引起对方的误会。

（1）分清对象

人的身份、性格、心情不同，对玩笑的承受能力也不同。若对方性格外向，能宽容忍耐，玩笑稍微过头也能得到谅解。若对方性格内向，喜欢琢磨言外之意，开玩笑就应慎重。若对方平时性格开朗，但恰好碰上不愉快或伤心事，就不能随便与之开玩笑。相反，若对方性格内向，但正好喜事临门，此时与其开个玩笑，效果会出乎意料的好。

（2）场合要适宜

玩笑虽然可以换来人们欢快的笑声，而且可以释放自身的悲哀。但需要注意，开玩笑不能过分，尤其要分清场合和对象。总的来说，庄重严肃的场合不宜开玩笑。

吴先生的母亲去世了，在追悼会上，他的一位好友想安慰他，便说："不要太伤心了，希望你不要坐坛子放屁——响（想）不开！"此话一出，举座哗然，吴先生既尴尬又气愤。

可见，在错误的场合、错误的时间，开不恰当的玩笑，很容易得罪人。

（3）内容要高雅

开玩笑如果没有知识与品位做支点，便会流于一般的低级趣味，所以要注意玩笑的内容。内容健康、格调高雅的笑料，不仅可以给对方启迪和精神的享受，也可以塑造自己良好的形象。

（4）行为要适度

开玩笑除了可以借助语言外，有时也可以通过行为动作来逗别人发笑，但一定要注意分寸。

有对小夫妻感情很好，整天都有开不完的玩笑。一天，丈夫盛完饭正准备坐下吃饭，此时妻子悄悄挪开了凳子，丈夫重重地摔了一跤，为此闹得不愉快很长一段时间。

（5）态度要友善

与人为善是开玩笑的一个原则。开玩笑的过程，也是感情互相交流传递的过程，如果借着开玩笑对别人冷嘲热讽，发泄内心厌恶、不满的感情，那么除非是傻瓜才识不破。也许有些人不如你口齿伶俐，表面上你占了上风，但别人会认为你不尊重他，从而不愿与你交往。

第二章

情话绵绵无绝期

第一节　恋爱中的说话技巧

1. 初次见面，巧找话题

恋爱是婚姻的前奏。自由恋爱是人类经历了封建社会长期的包办婚姻制度后新获得的一种权利，来之不易，而要恋爱就得能谈会说。只有通过谈和说，才能把彼此丰富的思想、复杂的情怀、微妙的心声用妥帖的语言表达出来，从而接通双方的情思之弦，产生爱慕之意，激发恋爱的火花，点燃爱情的熊熊火焰。

但是，现实生活中并不是所有人都能谈会说，特别是女性，往往需要经人介绍寻找恋人。一般来说，这种牵线搭桥式的恋人，大多是些“恋爱无方”、性格内向或者是在这个问题上受过挫折的人。初次见面时，“谈”得好就有成功的希望，“谈”得不好，只能分道扬镳。因此，在第一次约会时，如何交谈就成了青年男女头疼的难题。

那么，初次见面谈什么好呢?

（1）围绕环境氛围，寻找话题的“着眼点”

第一次会面也许是在某个特殊场所，可以由环境氛围引发话题。当然，它不是逢场作戏般的风花雪月、无病呻吟，而是通过抓取这种话题折射出一个人的思想观念、品德智慧、为人处世等方面的水平和品位。可以这样说，一个善于观察事物、分析问题、处理矛盾的人，只要把寻找话题的着眼点放在环境氛围上，话题就会取之不尽，用之不竭。

如果是在某一方的家里，也可以谈谈家里的布置、兄弟姊妹等话题（以赞美为主），还可以把电视节目作为媒介。

这天，小芳支开家人与小晖在家里单独约会。小晖走进家门，随随便便地评论着她的家。而小芳是一个保守内向的女孩，等小晖说完，她没将话茬接上。谈话陷入了僵局，房间里只有电视机的声音，两人静静地看着屏幕，谁也没有再说话。小芳心里很着急，但她又缺乏正面迎视小晖的勇气，于是便对着电视自言自语地说："现在电视频道丰富了，反倒缺少了精彩的节目。你看这部电视剧，整个剧情打打闹闹，没有一点品位，也没有多少实际意义。"

"可不是嘛，你看那个主人翁……"小芳的话激起了小晖的谈兴，"你对青年侠士独自承担劫狱救两位女士的罪名怎么看？"

"我很敬佩青年侠士为人刚直不阿，侠肝义胆，这样的朋友现在实在太少了……"

小芳在初次与小晖谈话出现障碍时，就地取材，把话题的着眼点放在正在播放的电视节目上，让人听起来感觉自然、随意、轻松。同时，她善于利用话题寻找自己需要了解的东西，表面上是听小晖对青年侠士为人处世的评价，实则是考察小晖本人为人处世的原则和认知水平。

（2）围绕兴趣爱好，寻找话题的"共鸣点"

每个人都有自己的兴趣爱好，一个再沉默寡言的人，只要谈及他的兴趣爱好，他也会口若悬河。但初次见面，还不知道他的兴趣爱好是什么，这怎么办？不要紧，不妨先谈谈你自己的兴趣爱好，来个抛砖引玉，然后在彼此的兴趣爱好里寻求共鸣点，以此增加了解和深化感情。话题可以有："你喜欢读书写作吗？我喜欢音乐，音乐与写作、文化与艺术，本就是一个'家族'嘛！"或者"我喜欢旅游，尤其喜欢原生态的自然风光，若和一个趣味相投的人一起浏览祖国的大好河山，真是人生的一大美事。"

这时，对方要么会附和你，要么会说出自己的爱好，接下来你便可谈谈他的爱好，这样就有了更多可谈的话题。

（3）围绕社会生活，寻找话题的“兴奋点”

每个人在生活中都会有一些最深切的体会、最想说的话、最厌恶或最喜欢的人和事、最关心或最希望得到的东西……当谈话出现“卡壳”时，可以随便地挑选其中一个让你最兴奋的“点”去谈。

晓菲根据介绍人的安排，手里拿着一本杂志走进公园，与另一个手拿杂志的男孩阿杰相见。两人像招聘考试似的各自报了家门后，便默默无语地沿着公园的湖畔散步。

晓菲觉得既然是来相亲，总应该说说话，增进彼此的了解，都不说话算什么呢？她眉头一皱，计上心来，问道：“你手里拿的是一本什么杂志，可以看看吗？”“刚买的《中国化妆品》，这本杂志挺不错的，有品位。”阿杰一边简略地介绍，一边把杂志递给晓菲。“哇，看不出，你对美容时尚还挺有研究哩。”“你可别这么夸我，我只是爱好而已。你想啊，过去美容化妆仅仅是女人的时尚，现在人们生活水平提高了，追求早已发生了变化，男人为什么不能活得光鲜灿烂一点呢？”

他们围绕着时尚，从化妆谈到时装，一直谈到天昏地暗。等到告别时，他们就像是一对相恋已久的情人。

晓菲的聪明之处在于，她想到一本书可以引出许多与书相关的话题。即使阿杰拿着书只是做做样子，对书或对某个话题不感兴趣，那么围绕书所引发的许多社会生活方面的话题，他总有感兴趣的，因此他们的初次谈话是非常成功、默契的。

（4）围绕事业追求，寻找话题的“闪光点”

儿时的理想是一个很有趣的话题，既轻松愉快，又能增进感情。不过，如果你一开头就说出自己的“宏伟大志”，会显得很做作，不妨先谈谈自己儿时的梦想，慢慢将话题引申到未来的事业目标上。事业是一个人安身立命的根本。任何一个对事业勤奋努力、对人生追求不怠的青年人，一旦与人谈起工作、人生方面的话题，都会神采飞扬起来。因此，紧紧抓住在这方面的“闪光点”去挖掘话题，你们一定会谈得热火朝天。

晓玲是一个事业心强的女孩，但她性格内向，又不善交际，因此20多岁了还是“小姑居处独无郎”。

一天，同事为她介绍了一名叫许涛的警察。初次见面，介绍人例行公事似的说了几句话后就走了，剩下他们谁也不说话，陷入了尴尬的境地。晓玲一见场面有些不妙，急中生智，像是漫不经心地说：“你们当警察的工作艰辛不说，而且时刻都面临着生命危险，家庭、亲人也跟着受连累，一般人确实难以接受。”

许涛一听却不这么认为，立即接过话头，从事业与抱负、人生与追求、奉献与索取等方面，阐述了自己所从事的职业的伟大和骄傲。两个多小时的约会，在双方的谈笑风生中不知不觉过去了。

晓玲在与许涛初次约会的“危难时刻”，紧紧抓住对方热爱本职工作这一闪光点寻找话题，好像显得“不经意”，实则是刻意向他抛出“家庭与事业孰轻孰重”的命题，以考察他对事业与人生的追求，不仅有效解决了初次见面无话可说的难题，而且达到了增进彼此了解、沟通思想的目的。

2. 表达爱意要含蓄

爱情很美好吗？经历过爱情的人对这个问题，往往会有不同的答案。但可以肯定的是，在中国式的爱情中，如果双方都倾吐无遗，很可能会导致爱情索然无味。只有让爱情朦胧含蓄，才能醉人心扉。

有个女孩喜欢上了小有名气的相声演员小史，两人见面几次后，小史觉得这女孩不错，知书达理，很有文才。不久，小史收到了女孩写的一封长达20多页的情书，整封信言辞热烈。小史看信时很是感动，但他过后一想，反而觉得姑娘太过草率、轻浮，不够庄重，于是将恋爱画上了“句号”。

爱你在心口难开的情况，很多女人都会遇到，哪怕对方是自己默默喜欢已久的男人，也鼓不起勇气来表白，或者苦于没有适当的机会。相信这对每一个多情少女来说都是十分痛苦的事。女人主动一点无可非议，而且值得鼓励，但表达方式却要慎重。

事实上，无论西方还是东方，恋爱的魅力就表现在恋爱方式也是一种含蓄的美。所谓含蓄，即表面平静，内在激烈；表面质朴，内在丰富。可以说，爱情的含蓄美是贯穿于爱情生活的全过程的。

爱情的表达方式多种多样，表情、语言、行为、文字等，古往今来大同小异。但在表达时，含蓄还是外露，冷静还是疯狂，深沉还是轻佻，却因人而异，效果有时也大相径庭。

在求爱阶段，无论是通过交谈还是书信，在向对方表达爱慕之情时，都要态度自然、诚恳，姿态温文尔雅，语言恰如其分，行为端庄检点，不矫揉造作，不言语污秽，更要不得下跪发誓或闪电拥抱，否则，结果很可能会适得其反。事实上，无论东方人还是西方人，那些很有素养和水平的人，在表达爱意时都深知含蓄而耐人寻味的表达方式拥有巨大的魅力。

小玲长相不错，在选择对象时总是以某明星的长相为参照。结果光阴荏苒，青春几何，一晃眼她就30岁了。这一年，小玲经人介绍，认识了一个身材高大、风度翩翩的小伙子。她对小伙子十分满意，担心失去自己的“意中人”，于是热情地表达出自己对小伙子的爱慕之情：“我们结婚吧，我爱你！”结果可想而知，小伙子认定她有什么不可告人的隐私，小心翼翼地和她分手了。

所以，恋爱中的男女在向对方表达爱意时，一定要适度、含蓄，做到“细水长流”，让爱情像一条隧道，曲折而幽深，给人以永不枯竭的追求兴致，使神圣的爱情永远充满新鲜感。那么，怎样才是含蓄呢?

（1）寓物言情

双方的心迹都已清楚，但怯于直言不讳地向对方表达，可以选择一件寓意深长的小礼物送给对方，表达自己的爱慕，这会在含蓄的基础上平添一种浪漫情调。当心上人的小礼物忽然而至，接受者的想象力便纵横驰骋，于是“奇迹”就会出现。

晴晴结识了一位男孩，男孩对她印象很好。二人经多次见面，彼此生发爱意，但始终没有勇气向对方表白。后来，晴晴的姐姐想出了一条妙计：准备3张精美的卡片，在男孩生日那天亲手赠予。第一张卡片的画面是一位红衣少女，俏皮地捏着自己的鼻子，卡片上写着：“请记住我！”第二张是朴素的画面，霞光把湖水映成一片橘红，题有两行小字——“如果从开始就是一种错误，那么为什么，为什么会错得这样美丽？”第三张是少女月下抚琴，写着：“好想你！”

多有意思！这种表达爱情的方式不仅别出心裁，准确有趣，更富有浪漫的情调，任何一个被丘比特箭射中的人都会欣然接受的。

（2）曲折含蓄

如果对方的文化素质与领悟能力比较强，可以不显山不露水，把你的情感若隐若现地表达出来，使他有曲径通幽之感，倍觉爱情的神秘与甜蜜，很有意境。

（3）诙谐幽默

将神圣的爱情寓于俏皮逗趣的说笑中，让对方不知不觉地体会你的心思，你在“幽”他一“默”的情态中完成一次“试探”，既不显得羞怯，也不会出现难堪的场面。

（4）借题发挥

巧妙地将情感蕴含在并不直露的言语中，借用某一事物或人物等形式，小题大做，把绵绵之情传递给对方，发展彼此的关系。比如，利用双方的共同爱好，经常交换、推荐好书读。在这一借一还、借借还还之中，爱情的种子便发芽了。

一天，洪斌向小丽讨要他新买而自己还没看的一本书。小丽深情地对洪斌说："我借别人的书，总是很快就会读完，而唯有你借给我的这本书，怎么也读不完，可能要读一辈子。你是愿意伴我读完呢，还是让我割舍不读呢？"结果可想而知。

3. 斗嘴，恋爱中的"碰碰车"

汉语词语的贬义褒用，往往能带来不少情趣，尤其是在恋人之间。它可缩短双方的心理距离，显示出亲密无间的关系。比如，亲朋好友之间经常听到诸如"你太残忍了""太不人道了""不要剥削了""你有点黄世仁的味道"等。《围城》里有一句："他（方鸿渐）抗议无效，苏小姐说什么就要什么，只好服从善意的独裁。"《编辑部的故事》中，牛大姐说："那是雷锋辈出的时代……那会儿做好事都跟当贼似的。"做好事为了不图名，大伙偷偷摸摸地去干。这些都是贬词褒用，是化过妆的褒义。

这种反语的运用，以恋人情侣之间的斗嘴最为典型。有作家将此戏称为"碰碰车式的恋爱语言"。

玩过碰碰车的人都知道，其中的乐趣全在于东碰西撞、你攻我守，这种游戏的新鲜与刺激绝非四平八稳地行车能比。在许多年轻的恋人中，尤其是有较高文化素养的情侣中间，有一种十分独特、有趣的语言游戏，很像这种碰碰车游戏，那就是斗嘴。

在短篇小说《落梦》中，描写了戴成豪和谷湄两位恋人间的一段斗嘴：

“我真不懂，你怎么不能变得温柔点。”

“我也真不懂，你怎么不能变得温和点。”

“好了……你缺乏柔，我缺乏和，综合地说，我们的空气一直缺少了柔和这玩意。”

“需要制造吗？”

“你看呢？”

“随便！”

“以后你能温柔点就多温柔点。”

“你能温和也请温和些。”

“认识四年，我们吵了四年。”

“罪魁是戴成豪。”

“谷湄也有份。”

“起码你比较该死，比较混蛋。”

不难看出，这对恋人彼此依赖、深深相爱，但是都具有独立不羁的性格，都想改变对方，又都改变不了自己。然而，从两人针锋相对的话语里，我们分明感觉到他们彼此的宽容、相知，感觉到浓浓的爱意从他们的内心流淌出来。这段对话十分典型地反映出恋人间斗嘴的特点：

一是目的的模糊性。恋人间斗嘴一般不是要解决什么实质性问题、做什么重要决定，只是借助语言外壳的碰撞来激发心灵的碰撞，从而达到两颗心的相知与相通。所以恋人们常常为一句无关紧要的话、一件微不足道的事斗得不可开交，局外人很难领会到其中的奥妙与乐趣。

二是形式的尖锐泼辣。恋人间的斗嘴从形式上看和吵架很相似。你奚落我，我挖苦你，毫不相让，锱铢必较。但与吵架不同的是，斗嘴时双方是以轻松、欢快的态度说出那些尖刻的话语。有了这层感情的保护膜，斗嘴就成了一种只有刺激性、愉悦性却无危险性的“软摩擦”，成了表现亲密与娇嗔的最好方式。不难想象，当谷湄说出“起码你比较该死，比较混蛋”时，脸上是带着亲切而顽皮的笑容的。如果换一种冷若冰霜的态度，这句话就不再是斗嘴，而变成辱骂了。

正因为斗嘴具有形式上尖锐、实质上柔和的特点，它比直抒胸臆式的甜言蜜语有了更大的展示情人间真实感情与丰富个性的广阔空间。所以，许多沐浴爱河的青年男女都喜欢这种语言游戏，在这种轻松浪漫的游戏中，加深彼此的了解，增进相互的感情，同时也调剂爱情生活，使恋爱季节更加多姿多彩。

《红楼梦》第十九回写宝玉到黛玉房里，见她睡在那里，就去推她。黛玉说：“你且别处去闹会子再来。”宝玉推她道：“我往哪里去呢？见了别人怪腻的。”黛玉听了嗤的一声笑道：“你既要在这里，那边去老老实实地坐着，咱们说话儿。”宝玉道：“我也歪着。”黛玉道：“你就歪着。”宝玉道：“没有枕头，咱们在一个枕头上。”黛玉道：“放屁！外头不是枕头？拿一个来枕着。”宝玉看了一眼，回来笑道：“那个我不要，也不知是哪个脏婆子的。”黛玉听了，睁开眼，起身笑道：“真真你是我命中的‘天魔星’！请枕这一个。”她把自己的枕头让给宝玉，自己又拿一个枕着。

这一段斗嘴，就为“抢”一个枕头。事很小，语言也都是很普通的日常口语，而且黛玉骂得毫不客气。如果是一般关系的男女，这些话就会伤了和气。但在恋人之间，打是亲，骂是爱，斗嘴只是示爱的一种活泼而随意的方式，所以宝玉和黛玉都没有因斗嘴而斗气，反而越斗越亲密。

斗嘴不仅是一种语言游戏，有时还是消除恋人间摩擦的一种别致而有效的方式。

比如你和男友出外旅游，很不顺利，不是走错路线，就是耽误了食宿时间。这时他也许会抱怨：“哎呀，怎么跟你在一起就老是碰到倒霉的事呢？”面对指责，你可不能和他动真格的：“嫌我不好，你另找别人！”这样谁都不好看，还会伤了感情。你不妨跟他斗斗嘴：

——对啦，我们就是夫妻命嘛！

——什么叫夫妻命？夫妻就该倒霉吗？

——夫妻就是要共患难呀！想想看，要不是有你在身边，我一个人哪里应付得了这些？

相信他听到这些话，气自然就消了。

斗嘴虽然是一种有趣的语言游戏，但它和别的游戏一样，也有一定的规则，需要特别注意。

（1）把握好感情的深浅

谈话有一个总的原则："浅交不可深合。"这同样适用于恋爱。如果双方还处于相互试探的阶段，想以斗嘴来加深了解，可以选择一些不涉及双方感情或个人色彩的一般话题，比如争一争是住在大城市还是隐居山林好，斗一斗是左撇子还是右撇子聪明，等等，这样双方可以不受拘束，安全系数也大。如果已是情深意笃，彼此对对方的性格特点都比较了解，斗嘴就可以嬉笑怒骂，百无禁忌。

（2）不要刺伤对方的自尊

恋人间斗嘴，最爱用谐谑的话语来揶揄对方，往往免不了夸张与丑化。但是，这种夸张与丑化，也要顾及对方的自尊，最好不要涉及对方很在乎的生理缺陷或敬重的父母，也不要挖苦对方自以为神圣的人和事，否则就有可能自讨没趣，弄得不欢而散。

（3）留心对方的心境

斗嘴因为是唇枪舌剑的交锋，需要有一个宽松的环境、愉悦的心境，才能享受它的快乐，因此，斗嘴时要特别注意恋人当时的心境。心情愉快时，可以随便要嘴皮、开玩笑。但如果恋人正在为结婚缺钱而愁眉不展，你却来一句："你怎么啦？满脸旧社会，像谁欠你200吊钱。"没准会受到抱怨："人家心烦得要死，你还有心逗乐，我找你这个穷光蛋真倒透霉了。"这样，斗嘴的味道就会变得苦涩了。

4. 巧妙拒绝不中意的人

当我们得到所期望的求爱时，内心会感到莫大的满足和幸福，但当求爱的人是自己不满意或不能当做恋人来喜爱的对象，就会感到莫大的苦恼。苦恼的根源在于，我们既想拒绝这一爱情表白，又怕伤了对方的心。尤其在对方与自己有深厚友谊时，苦恼就更为强烈了。

其实，男女相恋讲究的是缘分，缘分是可遇而不可求的。对于自己不爱的人，不必太顾及他的面子，但也不能不讲技巧，弄得对方灰头土脸。因为他爱你并没有错。那么，该如何拒绝呢？

（1）拒绝优越感十足的男人

如果你到了婚嫁年龄仍待字闺中，就会有好心人来为你“撮合”。一切真相都将在约会那一刻揭晓，也许你喜出望外，也许你大失所望。

当小陈被好友领到与小吴的见面地点时，小吴是充满自信的。小吴的条件很优越：外语学院毕业，后又出国进修，目前开着一家翻译公司。小吴满脸的春风得意让小陈感到很不自在，小吴的日式礼貌更让小陈觉得不习惯。

晚上回到家，小陈接到女友的电话。女友说，小吴对她的印象好极了。接着，小吴的电话便打了进来，言谈也是礼貌周全。小陈婉转地表达了自己对他的印象。小吴却信心十足地让小陈多了解了解自己，他对自己的失败十分意外。

对于小吴这种所谓的成功男人，小陈可以这样做：把他捧得很高，而自己害怕高处不胜寒；或者将自己扮成恶女，从而吓退这位成功男人。

（2）拒绝“长不大”的男人

阿健长得高大英俊，为人也慷慨大方，悦悦就喜欢这样的男人，于是两人开始谈婚论嫁。但到了阿健家里，悦悦发现他就像变了一个人，如同他母亲的一只小哈巴狗。面对父母对悦悦发难式的问话，阿健显得十分无奈。听说悦悦曾在酒店做过领班，阿健的父母当即对悦悦下了逐客令。而悦悦在第二天也断然拒绝了阿健无力的解释。

悦悦的做法是对的。这种泡在糖水里的男人，性格大多逆来顺受，很难违背母命给悦悦一个满意的答复，因而当机立断地拒绝他是最佳选择。

（3）拒绝一厢情愿的男人

优秀的男人较为稀罕，有些自我感觉良好的男人在某一方面却特别迟钝。

小林在工作中表现十分突出，同事们都很崇拜他。不久前，公司新来了一位女同事，小林自我感觉良好，认为她对自己有好感，于是白天给她冲好茶递过去，晚上下班还要送她一程。女同事的父亲有病住院，小林便日夜守候直至疲惫不堪。女同事开始碍于情面不好拒绝，日子久了，只好直言相告：“我们没有可能。”但小林却一如既往，简直成了女同事的噩梦。

对于小林这种人，无论采取什么办法都是徒劳的。唯一的办法就是不给他任何机会。苍蝇不叮无缝的蛋，你可不要成为那只倒霉的有缝的蛋！

（4）拒绝“不来电”的好男人

丽丽和小李是同一家公司的员工。刚进公司时，丽丽并没把小李放在眼里，因为小李的外表太普通了。但小李把一个男人对女人的关心发挥到了极致，日久生情，丽丽渐渐觉得自己有些离不开小李了，但她对小李只有一种亲情的感激与依赖，并没有爱的冲动与悸动。水至清则无鱼，小李让丽丽有一种太纯净的感觉了，而小李却因对丽丽的一往情深，一如既往地爱护着她。

好男人不一定是好丈夫，拒绝这样的男人要有技巧：一是找个合适的机会告诉他，自己已经有喜欢的人了，让他帮忙参考一下，因为你把他当成好朋友；二是对他的关照麻木一些，偶尔开一些这样的玩笑：“这将来让嫂子知道了，还不吃醋？”

不管拒绝多么困难，只要是你不能接受的爱情就要毫不迟疑、毫不动摇地加以拒绝。具体应注意以下几点：

一是态度要坚决。拒绝是一种伤害，但不能因此而犹豫不决。态度一定要坚定，不要说一些似是而非的话，如“让我再考虑考虑”“我暂时不想谈……”这样会给对方留下一线希望，造成误会，最后带来比拒爱更大的伤害。

二是尽力维护对方的自尊。为了减少拒爱给对方带来的心理伤害，也使对方更易于接受，应设法维护对方的自尊心，尽量减少对方的内心挫败感。比如先对对方的人品和才华等加以赞许，然后说明你为什么不能接受求爱。理由要合乎情理，最好从对方的角度提出有利的方面，让对方觉得拒绝也是为了他好。

三是选择恰当的方式。根据你们平素的关系和对方的个性特点，选择冷处理、面谈、书信等方式。但千万不要采用托人转告的方式，因为这样做显得对对方不够尊重，还可能带来不必要的麻烦。

四是选择合适的时机。一般来说，不要在对方刚表白时立即加以拒绝，这会让对方很难接受；但也不可拖延太久，给对方造成误会。当然，具体选择什么时机，要视具体情况而定。

五是选择恰当的语言。比如：

“我只能把你当做哥哥。”

“我们的年纪不太般配。”

“我并非如你所说般吸引男人。”

“我现在的生活很复杂。”

“我已经有男朋友了。”

“我不想跟同事约会。”

“不是你的原因，是我自己的原因。”

“我把事业放在第一位。”

“我是独身主义者。”

“让我们成为好朋友吧。”

总之，选择对方认为最能成其为理由的话说。

第二节　夫妻，一言一语总关情

1. “我爱你”——念一辈子

女人婚后，慢慢会被柴米油盐的琐碎生活磨掉爱的激情，也逐渐丧失了“说爱”的心情，变成一个唠叨的妇人，让男人产生厌倦之心。首先是因为“审美疲劳”心态在作怪。打个比方：老婆就像一本书，当你开始拿到手的时候，兴致盎然，废寝忘食，孜孜不倦地读。当你看完了，故事情节都知晓，滚瓜烂熟了，你就会扔在一边的，觉得没有再读的必要。恋爱时说得最多的一句话——“我爱你”，就再也听不见了。

一对小夫妻生过孩子之后，开始了分床而居的生活。白天工作疲惫，晚上应付孩子，渐渐地，二人之间的话越来越少。

妻子首先意识到了两人之间潜伏的危机，一天，她对男人说：“我有个郑重的要求。”

“什么要求？”丈夫漫不经心地问道。

“每天给我一个吻。”

丈夫看了妻子一眼，笑了：“有必要吗？”

“我提出了这个要求，就证明十分有必要。你发出了这个疑问，就证明更有必要。”

“情在心里，何必表达？”

“当初你要是不表达，我们就不可能结婚。”

“当初是谈恋爱，现在都结婚有孩子了，没有那个必要了。”

“怎么会没有必要呢？除非你不爱我了。”

妻子的眼泪像断了线的珠子落了下来。丈夫见了，马上妥协说：“好，我答应你，你不许哭了。”说着走到床前给了妻子一个吻，妻子这才破涕为笑。

此后，丈夫每天都会在妻子的提醒下，给她一个吻，渐渐地丈夫也就习惯了。每当两人之间有了什么不愉快，都会因为这个吻而化解。两人的关系有着一种新的和谐。

终于有一天，妻子要去另外一个城市长期进修，临上火车前，她对丈夫说：“你终于暂时解脱了。”

“我怕我会怀念这个任务呢。”果然，妻子到那个城市的第二天就接到了丈夫的电话。他说：“爱的任务是幸福的任务，我现在明白了。”丈夫的声音在电话里显得异常温存。

妻子的眼睛湿润了，这时又听到他说：“以后，每天我都要打一个一分钟的电话给你，把我的吻在电话里传给你。”

妻子的泪终于滑出了眼眶，没有人知道她心里是多么的甜蜜和欣慰。后来，有人羡慕地问她说：“结婚这么多年了，怎么可能还这么热乎？”她都会笑着说：“因为我们有爱的任务。”

“我爱你”这句话，无论一天说几次都不嫌多，因为“被疼爱、受重视的感觉”是爱情中最基本的需要，男女都一样。这是一句最动人的赞美，也是最直接的鼓励——鼓励对方继续努力爱你，带你奔向更好的未来，让你更幸福。就这么简单的3个字，却能带来那么多好的结果，不多说几次实在太可惜了。当然，如果你更有情趣一点，可以把“我爱你”这句赞美以游戏的方式或变换花样说出来，增添几分浪漫。例如，早晨赖床时趴到他怀中，对着他的耳朵吹气轻轻说一声；白天分隔两地时，出其不意发个短信给他，只写这3个字，保证他充满惊喜且心花怒放；或是写张小卡片贴在车子的方向盘上，让他不经意看到时又是一阵感动。

人们常常以“平淡是真”为借口，逃避对长久拥有的那份感情的麻木和粗糙，却不明白，如果我们像习惯了一天天去遗落爱情那样习惯一天天去经营爱情，那么，在我们掌心和胸口的爱情就绝对不会冰冷。

2. 做丈夫最好的听众

生活中，女人总喜欢向男人倾诉，倾诉自己的委屈，也倾诉自己的快乐，把男人的倾听当做一个温暖的依靠。但很少有女人意识到，男人也需要倾诉，有时候你的耳朵就能给他安慰、支持和鼓励。可惜大多数女人总是喜欢喋喋不休地说，迫不及待地把自己的想法告诉给对方。这样的女人怎么会讨人喜欢呢？

研究谈话的学者们认识到，有张有弛的谈话在人际交往中至关重要。女人的美丽，一定要用沉默来搭配。平庸的女人若要脱俗一点，适时闭上嘴巴也许是最佳的选择。尤其是和男人在一起的时候，女人必须认识到沉默与精心选择的词句具有同样的表现力，就好像音乐中音符与休止符一样重要。沉默会产生更完美的和谐、更强烈的效果。

芳芳一直暗恋和自己从小一起长大的邻居小涛，但小涛只把她当小妹妹，并没有什么特殊情感，况且他已经有了女朋友。

后来，小涛与人合伙办公司，最终合伙人卷款跑了。多年的辛苦付诸东流，小涛心灰意冷，被女友臭骂一通后，他的心情更是沮丧到了极点，于是找芳芳一起去酒吧喝酒。

小涛一瓶接一瓶地喝着，从最初创业的一点一滴说起，芳芳仔细地听着，偶尔在他新开一瓶酒的时候说一句：“别再喝了，喝多了身体受不了。”整个晚上，小涛一直说着，而芳芳始终在默默地听着。天亮后，她叫了辆出租车，把小涛送了回去。

第二天，小涛清醒后马上就去找芳芳，发现自己再也不能忽视她的心意了，如果此刻自己不说出来，将后悔一辈子。他结巴着对芳芳说：“我想……我们能不能在一起……相处一下？”芳芳愣了半天才回过神来，完全没想到盼望已久的话竟然因为自己的倾听轻而易举地得来了，她激动得双眼充满了泪光。

一年后，在他们的新婚之夜，小涛对芳芳说：“亲爱的，知道你陪我那一晚带给我的是什么吗？我第一次发现你是那么的美丽，你身上像披了一件有光芒的外衣，虽然你一直在沉默，但是，我感觉得到你沉默的背后是相信我、肯定我的。这对我来说很重要。”

现代社会，男人承受的压力越来越大，他们需要倾诉，需要一双耳朵给予他们关注和温暖。遗憾的是，很多女人一旦结了婚，就染上了唠叨的毛病，一天到晚把丈夫的耳朵塞得满满的，根本不给他说话的机会。她还会抱怨说：“从来也不和我说说话，什么事情都不跟我说。”她没有想想，自己是否准备好了听他说的耳朵。于是，沟通越来越少，时间长了难免产生感情危机。

一家公司曾对员工的妻子做过一项调查，并将调查报告刊登在内部杂志上。其中引用了一位心理学家的话：“作为一个妻子，应该做的一件重要事情，就是让她的丈夫尽情地倾诉在办公室里不能宣泄的苦恼。”能够尽职尽责的妻子，被赋予了“镇定剂”“共鸣器”“防哭墙”“加油站”等称号。同时，这项调查也指出，男性一般不想听劝告，他们需要的是认真的倾听者。

其实，作为职业女性也有同感，回到家就迫不及待地想把一天中发生的事情向丈夫诉说一下。毕竟办公室里很少有发表意见的机会，遇到特别高兴的事情，不能在那里引吭高歌；遇到不痛快的事情，也不能向同事倾诉，因此回到家都需要宣泄一番。

所以，妻子一定要做丈夫最好的听众，而不是三心二意、漠不关心。

马先生匆匆忙忙地回到家里，顾不上喘气，便兴奋地叫道："亲爱的梅梅，你知道吗？今天真是个值得庆祝的日子！董事会把我叫过去，向他们详细汇报有关我做的那份区域报告，他们称赞我的建议非常不错……"

妻子听了并没有表现出高兴的样子，显然她在想着别的事情："是吗？挺不错。亲爱的，要吃酱猪蹄吗？咱们家的空调好像出了点问题，吃完饭你去检查一下好吗？"

"好的，亲爱的！我终于引起董事会的注意了。说真的，今天在那么多董事会成员面前，我都紧张得有些发抖了。不过情况很好，甚至连老总都很赞赏，他认为……"

妻子打断他的话，说："亲爱的，我觉得他们根本不了解你，也不重视你。今天孩子的老师打电话来，要找你谈一谈，说孩子最近成绩下降了不少。对于你的宝贝儿子，我已经没有任何办法了。"

马先生终于不再说话了，他想妻子是不会听的。他现在应该做的就是把酱猪蹄吃下去，然后去修空调，接着给孩子的老师回个电话。可是，他对这一切似乎都没有了兴趣。

可以想象，当你有一肚子的话想要倾诉，兴致勃勃地要说给爱人听的时候，对方却心不在焉，根本无心倾听，你的心中会是什么滋味？每个人都会遇到开心或者不开心的事，都需要向别人倾诉，以缓解和放松自己的心情。善于倾听的女性，能让丈夫感觉到她的爱、理解和尊重，这对他是最大的安慰和鼓励。

有人说，家庭就是语言的"垃圾箱"，虽然比喻不那么贴切，但是聪明的女人应该明白，倾听在婚姻中占据了多么重要的位置。

男人，不仅需要你时常夸奖他，不仅需要你关爱的叮咛，更需要你留一只耳朵听他说话，听他的喜怒哀乐，听他的“疯语癫言”。所以，请准备好你的耳朵，让男人尽情地倾诉吧！

3. 忌说伤害感情的话

婚姻是上帝对男女的垂爱，是爱情的真正归宿。真正的爱情不但需要甜言蜜语来温暖彼此的心灵，还需要彼此的语言尊重。“言之有弊，口有所忌。”一句伤害感情的话，可能会给彼此的感情留下无法抹去的阴影。那么，夫妻之间有哪些话是不能说的呢？

（1）绝情话

俗话说，“舌头和牙齿也有摩擦的时候”。夫妻之间争吵也十分多见，但千万不要说过头话、绝情话，如“我后悔嫁给你”“我那时怎么瞎了眼”等，甚至整天把“离婚”二字挂在嘴上。婚姻是一件十分严肃的大事，是两个生命的以身相许。一句伤心话，说者无意，听者有心，极易产生隔阂。

不要说：“说得对，我正是要离开你！”而要说：“那给我一种想要离开你的感觉。”

威胁听上去好像很引人注意，但它们往往很危险，而且不给进一步的交谈留一点余地。就算你确实怒气冲天一走了之，你们的关系也不会就此结束。

把那些一触即发的冲动放在心里，毕竟你并不是真的想要离开，寻求交流的途径才是重要的。在这种情况下，只要双方的关系还没有破裂，说出真实的感受有助于接触到问题的根本。不过，对于大多数婚姻而言，动不动就用离开来进行威胁只会随着时间的推移而变成现实。总是威胁要离婚的人，通常会把自己未来的道路一点点地逼进绝境。

（2）责怪话

婚后夫妻长期生活在一起，会发现对方的不足，甚至有做错事的时候。这时要体谅对方，不要不分场合在人前责怪丈夫，否则会引起反感和不快。如同火上浇油，因为做错事本来就后悔，这样势必伤害夫妻感情。

不少夫妻在相互指责时都扮演了受害者的角色。玛克曼教授解释说："它间接地表达着你心中的怨气、遭到的羞辱和背叛。"你需要了解你的伴侣这样做的目的。

不要说："你怎么能那样对我？"而要说："这伤害了我的感情，什么原因让你会那样做？"

不要说："你怎么不说一声，半夜时间还跑出去。"而要说："你可以跟我先说一声，什么事情让你那样着急要半夜时间出去呢？"

这样说之后，双方才能以建设性而不是破坏性的态度表达各自的观点，从而打破僵局。采用这种方式，也意味着你应该做好真正听他说出事实的准备。

（3）脏话

它是夫妻之间的百祸之源。夫妻之间争吵，切忌出言不逊。骂人之所以使人气恼，是因为骂人的话最难听，使用的都是侮辱人格的语言，既损伤对方的自尊，也毒害子女的心灵。因此，即使是开玩笑，也不要拿对方的人格做对象。

（4）谎话

夫妻间应以诚相待，不能因为隐瞒过错而说谎。相互信任是爱情巩固的基石，生活中因一句谎话而引起夫妻隔阂、产生夫妻矛盾的事例并不少见。

（5）揭短话

夫妻之间贵在相互理解、相互信任、相互尊重。聪明的人经常夸奖自己的配偶，满足配偶的心理需求，从而深化夫妻感情。但生活中也有一些家庭，夫妻之间好揭短，包括对方的隐私、过去的“伤疤”和工作中的失误等。

小芸刚结婚不久，丈夫便丢了工作。在丈夫找工作的这段时间，小芸经常跟他吵架，说他不求上进，不能给她更好的生活。有时她甚至开始吐槽丈夫的长相、说话的语气。后来，小芸生了孩子，身材胖了很多。也许是一直被小芸戳自己的痛处，两人又一次吵架时，丈夫没有像以往那样忍让，回击道：“你也不看看你现在什么样子，胖成什么样了还大吃大喝，你这样子我真是看够了。”

俗话说：“打人不打脸，骂人不揭短”，其实就是告诉我们不论在什么时候，都要记得给别人留下几分薄面。对待陌生人尚且要做到如此，何况是自己的爱人。如果说连自己的爱人都小瞧自己，心灵所受的伤害该有多大。

（6）夸海口的话

夫妻之间一般对对方的能力都比较了解，不要为了在某方面想表现一下，就夸下海口、乱许愿，若无法兑现承诺，会让对方失望、反感，甚至会觉得你在骗他、愚弄他。

（7）猜忌的话

猜疑是人性的弱点之一，历来是害人害己的祸根，是卑鄙灵魂的伙伴。夫妻之间不可乱猜忌，不要讲没有根据的话。有的人见到配偶和其他异性走在一起，便醋意大发，甚至和对方闹个没完没了。这些没有什么根据的话，会让对方感到冤枉和气愤，夫妻间的很多矛盾都是由此引起的。

（8）挑拨离间的话

有的人总喜欢在配偶面前说一些挑拨对方家人、亲戚、朋友之间关系的话，如：“你那些朋友只是酒肉朋友，在一起吃喝玩乐可以，到紧要关头只怕没有人在你身边了。”“别人的父母都是帮着自己的儿女，你父母只知道占儿女的好处，自己却一毛不拔。”

爱情、亲情和友情对每个人都不可缺少。不管是出于什么目的，肆意地贬斥亲友、朋友与配偶的关系，只会让配偶大失所望，痛心疾首。久而久之，伤害的是你们之间的关系。

因此，要学会珍惜感情，不要让话语的利剑割破配偶的心，不要让配偶的心里留下无法治愈的伤疤。

第三节　处理家庭关系的智慧

1. 把礼貌带进婚姻

谈恋爱的时候，彼此礼貌客气，所以约会的时候也总是心情愉快。结婚以后，有些女人认为都是“自己人”了，还需要客气什么，甚至觉得客气反而会让两人的关系疏远。而那些明智而聪明的女人，不会把礼貌永远地丢弃在恋爱地区，而是会把它带进婚姻，带到自己以后的生活中。

礼貌在婚姻生活中占有很重要的位置，这就和“唇亡齿寒”的道理一样。礼貌就像一扇敞开的门，让人看到了长在门内的花朵。相信任何一个做丈夫的，都最怕泼妇、悍妇、长舌妇。

但现实生活中确实有很多女人常常对自己的丈夫发威，却未曾对她们的同事或朋友声色俱厉。作为妻子，如果你能像对待其他人那样宽容地对待自己的丈夫，你们的感情又怎么会日益疏远？

小张的丈夫患有胃病，有一次吃饭的时候，丈夫还在看书，虽然她很心疼和关心丈夫，专门给丈夫煲了汤，但她在叫丈夫吃饭的时候却说："还磨蹭什么？自己有胃病不知道？快来吃饭，当心得胃癌。"一句话说得丈夫脸色铁青，心想这个婆娘居然咒我得胃癌……

两人为这句话大吵了一架。事后，小张觉得自己很委屈。其实，如果她能够温柔一点、礼貌一点，对丈夫说："快来吃饭吧，你的胃不好，我今天给你煲了汤，很养胃的。"两种说法意思一样，但她的丈夫却会感动不已，而前面的说法只会让丈夫恼火至极。

礼貌待人，和气说话，是沟通夫妻感情的重要条件。妻子对丈夫说话要客气，不能语中带刺或冷若冰霜，以致挫伤感情。让我们来比较一下两组对话：

第一组：

妻子：听到了吗？今天下班你给我买件衬衣回来！

丈夫：你不想想我能顾得上吗？

妻子：怎么就顾不上，你要干什么去？

丈夫：顾不上就是顾不上，我干什么去你管得着吗？

第二组：

妻子：你下班时帮我买件衬衣，好吗？

丈夫：好的，我尽量抽空给你买。不过今天恐怕不行，因为太忙，还要加班。对不起！

很明显，第二组对话亲切融洽，又彬彬有礼，一个"请"，一个"对不起"，问话有礼，答话客气，就会使丈夫高兴、妻子满意。妻子说话方式不妥，会引起丈夫心理上的刺痛，长此以往，必然会使感情受挫。那么，做妻子的怎样说话才不伤感情呢?

相处时间长了，夫妻间难免有不顺心的时候。丈夫在外面遇到气恼的事情，回家发泄，妻子绝不能“以牙还牙，以眼还眼”。此刻，妻子要做到两点：一是忍让，二是说顺心话。

许多女人都很清楚丈夫的行为，因为这些早在她的预料之中。于是，她便永远搞不清楚该爱自己的丈夫，还是该讨厌自己的丈夫。而做丈夫的宁可与妻子大吵一场架，或花费一些钱为妻子购买新物，也不愿去奉承自己的妻子。这是众多婚姻失败的原因。

如果妻子不去理会丈夫有什么不可原谅，坚定地选择体贴及温文多礼的态度，婚姻生活便会美满、幸福。

婚姻之道其实是两个人的相处之道。聪明的女人，当你想对丈夫发火的时候，不妨把他当作自己的朋友或者客人来对待，然后你就会发现，你的礼貌使你这只刺猬身上的刺不仅没有扎伤自己最亲近的人，反而使他感受到了你身上的温度。所以，在他的眼里，你仍然是那个结婚前的美丽天使，但比那时候更成熟，更有女人味。

2. 婚姻是夫妻共同的学校

“女人是男人的一所学校。”这句话男人可以把它当成真理，女人却当不得真。有的女人总觉得丈夫不够完美，但仍“坚信对方的潜力”，会用尽一切手段把丈夫变成她所需要的人。如果丈夫拒不接受她的“改造”，他们的婚姻便会走向终结。

小美30岁的时候结婚了。婚后她发现，以前告诉自己三天都抽不完一包烟的丈夫，其实有很大的烟瘾，几乎每天都要抽掉一包。深知吸烟危害健康的小美，决定开始实施帮助丈夫戒烟的计划。

她从管钱开始这个计划，丈夫口袋里没有了钱，自然就没钱买烟了。

她要求丈夫每个月发工资后一分不少全都交上来，坐车的钱往卡里充，需要买什么东西问好了价钱再申请。此外，丈夫每天进家门的第一步，就是接受她鼻子的检查，闻闻他身上有没有烟味。

每当丈夫求她给一根烟抽的时候，小美都是义正词严地拒绝，并说："我这还不都是为你好。"后来，丈夫回家的时间越来越晚，小美的检查也越来越严，总是追问下班没有回来是不是找地方抽烟了。丈夫只好找各种借口搪塞，后来小美的检查发展成了跟踪……再后来，小美发现，丈夫对自己越来越冷淡，还动不动就提离婚。她想，我这还不都是为他好，他怎么能这样对我呢？

即使是为对方好，也要讲究方式，如果你以此作为控制对方的武器，是不能降服他的。很多女人会说："我是真心希望他好，难道我会害他不成？"然而，过多地干涉男人会害了他。男人需要有自己的事业、自己的朋友、自己对事物的独立看法。如果什么都依照你的想法去做，那不是相爱，只是为你自己找一个随从而已。

对于那些试图"控制"男人的女人而言，总是想以关心他、为他好来支配他的行动、思想，往往会沉重地打击男人的自信心，使他陷入绝望和自我怀疑——对于自己的能力、社会价值的怀疑，即使当初他是那么爱你，那么的信誓旦旦，也经不住你的一再"付出"。

不可否认，男人都有缺点，女人想要改造他也合乎情理，关键在于心态。一个婚姻专家说，当她想对丈夫提意见、想让丈夫为自己做些改变时，她首先会问问自己：如果这些问题出在自己身上，自己愿不愿意为对方做改变？这么一想，很多话就说不出口了，对丈夫的包容之心又多了一些。

《新方世玉》中的苗翠花曾经说过：男人就是一锅汤，越熬越有味道。这道文火，可以是时间，可以是其他人，最好的却是男人自己。让男人自己主动走向成熟，比什么改造方案都有效。

小刘失业了，情绪非常糟糕，成天在家对着妻子和孩子发火。但是，妻子没有责怪他，她理解丈夫失业后的苦闷，对丈夫说："失业没什么可怕的，失业又不是你一个人，我们可以自己创业啊！"

在妻子的鼓励下，他重新振作起来，花了10年的时间建造了一个很大的庄园，成了庄园主。在庄园建成的庆祝会上，他回忆起10年前自己失业时的悲惨情景，再看看这10年创业所取得的辉煌成就，发自内心地感激自己的妻子。

婚姻是男人和女人共同的学校，男人和女人是这所学校里共同学习、成长的两个学生，学习的主要方式应该是自学——自我发现和自我提升。如果一定要找出老师或校长，那就是夫妻间相互包容和关爱的心，为了爱，为了心爱的人，相互磨合和调整，发自内心地改变自己。

3. 唠叨是婚姻的"杀手"

男人的婚姻生活能不能幸福，关键就在于妻子的脾气和性情。就算一个女人拥有全天下的所有美德，然而，如果她脾气暴躁，一点小事就喜欢唠叨个没完，喜欢挑剔，个性孤僻，那么，她所有的其他美德全都等于零，甚至变成了负数。

从男人的角度来看，唠叨是一种间接的、无休止的、否定性的提醒，它提醒男人还有什么事没有做，或提醒男人还有什么缺点。这种提醒总是使男人处于紧张状态，对婚姻有很大的杀伤力。

著名武侠小说作家古龙说："没有女人冷冷清清，有了女人鸡犬不宁。"对于一个已婚男人来说，这一句话可能很受欢迎。比如，女人给男人打电话不外乎三句话："在哪里？""干什么？""跟谁在一起？"当这"三部曲"像蚊子一样挥之不去时，男人就会想：结婚前那个小鸟依人的女人怎么变成老鹰了？婚后女人忙于应付家务，不再是个耐心的听众，但却是一个很负责任的军师，对男人的教诲如滔滔江河之水。遗憾的是，许多男人能够容忍楼下装修房屋的高分贝的噪声，却不能容忍妻子的唠叨。

卡耐基在《人性的弱点》中也说：唠叨是爱情的坟墓。但是，很多女人没有意识到这一点，她们甚至认为自己的唠叨是对丈夫的爱，以为唠叨可以改掉丈夫的缺点。

许多男人在生活中垂头丧气，没有斗志，就是因为他的妻子打击他的每一个想法和希望。她无休止地长吁短叹，为什么丈夫不像别的男人那么会赚钱，为什么丈夫得不到一个好职位……拥有一位这样的妻子，丈夫的所有斗志都被磨灭了。

小君从大一开始就和刘辉谈起了恋爱。大学毕业一年后，他们喜结连理。按说他们结束了恋爱马拉松，走进婚姻，应该是幸福的一对。可是，自从结婚以后，小君的手中就拿起了一把无形的尺子，只要见到刘辉就必须要量一量。刘辉洗衣服时，她会说：“你看看这领子，这袖口，你连衣服都洗不干净，还能干什么？”刘辉做饭，她会说：“哎呀，炒菜怎么不是咸就是淡，一点谱都没有，让人怎么吃呀？”刘辉做家务，她会说：“怎么这么笨，地也擦不干净。”刘辉办事情，她更是牢骚满腹：“看看你，连话都不会说，让人怎么信任你呢？”诸如此类，抱怨之声不绝于耳。

刚开始时，刘辉总是黑着脸不吱声，时间久了，他就开始和她顶嘴。他会说：“嫌我洗衣服不干净，你自己洗。”然后把衣服一扔，摔门而去。他还会说：“我做饭没谱，以后你做，我还懒得做呢。”有时他也会大发雷霆，和她大吵一通，然后好几天两人谁也不理谁。

过几天，两人和好了，但小君仍然改不了自己的习惯，还是在刘辉做事的时候唠叨不止。日子就这样在吵吵闹闹、磕磕绊绊中过了几年。终于有一天，小君又在唠叨刘辉碗洗得不干净，刘辉再也无法忍受，他把所有的碗都摔在地上，大声吼道：“你烦不烦，看我不顺眼，干脆离婚算了，看谁顺眼跟谁过去。”

小君万万没有想到刘辉会提到“离婚”两个字，她顿时泪如雨下：“我说你还不是为了你好？换了别人我还懒得说呢！要离婚，好，现在就离！”结果，刘辉甩手而去。

后来，小君在朋友的劝说下明白了一个道理，那就是对丈夫不能太苛刻了。自己不断的唠叨把常人都有的小毛病无限地放大，而且还养成了习惯。正是因为她对丈夫的挑剔，才使丈夫与她越来越疏远。

著名的心理学家特曼博士曾对1500对夫妇进行详细调查。研究表明，在丈夫眼中，唠叨、挑剔是妻子最大的缺点。另外，盖洛普民意测验和詹森性情分析——两个著名的研究机构，它们的研究结果都是相同的。它们发现，任何一种个性都不会像唠叨、挑剔那样，给家庭生活带来巨大的伤害。

苏格拉底的妻子是出了名的悍妇，为了躲避她，苏格拉底大部分时间都躲在雅典的树下思考哲理。大文豪托尔斯泰的妻子也是位唠叨能手，只要违反她的意志便不会有片刻安宁。为了不再受她唠叨的折磨，托尔斯泰在82岁高龄时愤然远走他乡，临终前他还嘱咐友人别让妻子前来，好让自己清静地离开人世。

你是不是一个爱唠叨的女人呢？问问你的丈夫吧。如果他的答案是肯定的，请你理智地对待，为了你们的爱情和婚姻，想办法让自己远离唠叨。以下几点是给你的建议：

（1）不要重复讲话

如果你提醒丈夫三次以上，说他曾经答应要陪你去散步，可他却纹丝不动，说明他根本不想去。那么，你就住嘴吧，别再重复，唠叨只会使他下定决心决不屈服。

（2）冷静对待不愉快的事

不愉快的事情是最容易让女人唠叨的，她们总是不厌其烦地诉说着自己的不快和郁闷。当丈夫心情也不好的时候，就不要在他面前唠叨个没完，那样只会引来争吵。想办法控制自己的情绪，或者把坏情绪通过另外的途径排解出去，等到双方都冷静下来时，再把事情拿出来仔细讨论，讨论的时候应该心平气和，保持理智，不能使用过激的语言。

（3）用温和的方式达到目的

“用甜的东西抓苍蝇，要比用酸的东西有效多了。”当你唠叨丈夫不给你买生日礼物的时候，不如向他撒个娇，娇嗔地说：“老公，我知道你希望我越来越漂亮，所以，我准备用你钱包里的钱去买一套化妆品，作为你送我的生日礼物，你说好不好？”听了这样的话，哪个男人会拒绝呢？所以，除了唠叨，你完全可以使用一些温和的方法来达到自己的目的。

（4）培养自己的幽默感

以幽默的方式对待发生的事情，会让你心情舒畅。有的女人催促丈夫到浴室给自己送浴巾，丈夫的动作慢了点或没理睬，她们便会大动肝火，开始唠叨丈夫不爱自己，这种情况令人难以理解。

生活中，很多事情是没必要生气的，但是我们常见有些女人为一些不值一提的小事紧绷着脸，把甜蜜的爱情转变成相互指责的怨恨。与其这样，不如培养自己的幽默感，让自己一天都保持心情舒畅。

4. 当好婚姻里的“双面胶”

列夫·托尔斯泰说：“幸福的家庭都是相似的，不幸的家庭却各有各的不幸。”怎样找到其中“相似的”东西，是处理好家庭关系的关键。

随着社会、经济的发展，婚姻家庭中的个人，其伦理道德、生活方式以及思想观念都发生了不少变化。而这些变化不可避免地影响到家庭关系，加上代沟的存在，婆媳之间、上下辈之间，如果不做好协调，很容易引发家庭矛盾，影响家庭的和睦。可以说，家庭成员关系的好坏是影响家庭和谐的主要原因。

那么，幸福的家庭有哪些是相似的呢？

（1）婆媳之间相互尊重与谅解

婆媳常年生活在一起，难免会发生一些不和谐的事情，这就更需要双方相互谅解。所谓“谅解”，就是站在对方的立场去考虑问题。例如，星期天去逛公园，不要只和丈夫、孩子去，而把公婆留在家里，应该一同前往，这样婆婆就不会产生寂寞孤单的感觉。

遇事多和老人商量，尽量做到“经济公开”，并定期或不定期地给婆婆一些零用钱。平时给自己的母亲送吃的、用的，最好同时给婆婆准备一份。要照顾老人的生理、心理特点，经常做一些婆婆爱吃的食物。一家人同桌吃饭，注意先把好菜给婆婆，不能只顾自己的丈夫和孩子。要尊重、关心婆婆，还要学会适应婆婆。

婆婆在思想上、生活上、习惯上难免带些老传统。儿媳思想较新，常常不易理解婆婆的习惯，因此一些举动常会引起婆婆的反感，从而引起婆媳不和。在这种情况下，儿媳要注意控制自己，尽量照顾老人的性情和习惯。等得到婆婆的欢心，再慢慢用巧妙的办法改掉老人的一部分老习惯。

小汪又一次和婆婆发生冲突，跑到表妹小曲家诉苦。当时，小曲正好有稿子要写，无暇陪她，小汪就和小曲的婆婆闲聊起来。小汪无奈地说，她婆婆不讲卫生，做菜无味，整天唠叨，让人生厌。小曲的婆婆打断她的话，说：“你应该向你的妹妹学学，她不嫌我这个乡下老太婆，我在这里一住就是5年。我炒的菜明明盐放多了，但她还说好吃！前天刚给我300元零花钱，今天早上又问我还有没有零钱用。”小曲的婆婆一边说，一边呵呵地笑起来。

午饭后，小曲打开洗衣机准备洗衣服，却找不到早晨刚刚换下的衣服。“妈，看见我的衣裳了吗？”小曲的婆婆一拍脑门，笑着说：“瞧我这老糊涂，刚才一不留神把你的衣服给洗了。”小汪看着表妹家婆媳之间融洽的样子，愣了一下神，若有所悟地点了点头。

当晚，小汪对小曲说："以前我总羡慕你有好婆婆，现在我终于明白了，你们之间的相处可真难得啊！不计较小是小非，什么事都好办了！我以后真得好好向你学习。"

此后，小汪也当起了贤惠的儿媳妇。令人欣慰的是，她的婆婆也被"传染"了，两人之间用宽容化解了矛盾。以后，她们家再也看不见"硝烟"了。

（2）家庭成员要回避矛盾，宽忍礼让

忍是有能力、有雅量、有修养的表现，它是积极的、主动的、高姿态的。如果人人都懂得这个道理，家庭就会和谐幸福许多。

有一老翁，有子媳各三，全家相处融洽，终年不见争吵。一日闲聊时，老翁谈起与媳妇的相处之道。他举例说，一次大媳妇煮点心，先盛了一碗给他，并半征询半内疚地说："刚才我好像放多了盐，不知您会不会觉得咸了点？"老翁吃了一口，即答："不会，不会！恰到好处呢！"不久，三媳妇煮点心时也给他送去一碗，说："我一向吃得较为清淡，不知您口感如何？"老翁喝了一口汤，答道："很好很好，正合我的口味！"结果自然是皆大欢喜。

宽忍是通向幸福的光明大道。家庭中的矛盾、分歧通常很少有原则性的分歧，这时若能以礼让为先，不与计较，互相谦让，矛盾也就烟消云散了。是咸是淡，好吃难吃，都不重要，重要的是人与人相处时和乐的气氛。

（3）对公婆应以物质上的孝敬与情感上的交流相结合

上了年纪的人，感情相对脆弱，怕孤独，爱唠叨。作为媳妇，若能与老人多聊家常，多做家务，多买点老人喜欢吃的东西，会极大地安慰老人的孤苦之心。除了物质上孝敬外，还应注意与老人交流感情，消除心理上的隔阂。所以，平时要经常向老人嘘寒问暖，如果老人身体不适，更要悉心照顾。特别是在教养孩子方面，不管采取什么做法，都应该向老人通报一声，让老人感觉受到了尊重。

（4）巧沟通，处理妯娌间的关系

有人说："亲兄弟，仇妯娌。"这话并不正确，但确实说明在家庭关系中，妯娌之间的矛盾必然要反映到兄弟关系和家庭关系中。因此，妯娌之间建立融洽关系，合情合理地解决好彼此间的矛盾，有助于处理好兄弟关系和整个家庭关系。

有一对妯娌平素相处较好，一天，大儿媳对小儿媳说婆婆不愿替她带孩子，心里有些想不通。她们说的话正好被隔窗而过的婆婆听见，当天，婆婆的脸色便在大儿媳面前有所表示。

面对婆婆的脸色，大儿媳误以为是小儿媳到婆婆面前挑拨离间，遂对小儿媳指桑骂槐。小儿媳虽然感到委屈，但一直不露声色，直到大儿媳骂累为止。

第二天，婆婆来到小儿媳家门前，大儿媳看见了，便竖起耳朵偷听婆婆和小儿媳的对话。小儿媳知道大儿媳在隔壁屋中，故意提高声音问道："妈，你说嫂子在议论你不肯帮她带孩子，你是怎么知道的？"婆婆回答道："前天她和你说话时，我正好路过你们家窗前，是我自己在窗外听见的！"小儿媳又说："妈，你不必为嫂子的话生气，其实嫂子也够苦的了，大哥在外做生意，她一个人忙里又忙外，确实很累，你还是帮她带带孩子吧！"在小儿媳的恳求下，婆婆答应了。

就这样，小儿媳不仅消除了大嫂对自己的误会，使妯娌关系和好如初，而且还调和了婆婆与大儿媳的关系，可谓一箭双雕。

妯娌们从不同的家庭走进同一个家庭，生活习惯、性格爱好等都不尽相同，有的甚至差距很大，但这不能成为彼此不好相处的理由。一个家庭也是一个小集体，大家应该齐心协力维护好这个小集体，把这个家建设得友好而温暖。这就需要妯娌们顾大局，少猜疑，少计较，互相关心，互相尊重，做到既是妯娌，又是姐妹，和睦相处，友好相待。即使需要分家，也应该和和气气地分开，亲亲热热常来常往。

第三章

舌绽莲花展风韵

第一节　重视社交的第一印象

1. 自我介绍、打招呼、寒暄的学问

在日常生活和工作中，人与人之间需要进行必要的沟通，以寻求理解、帮助和支持。而自我介绍、打招呼、寒暄，是与他人进行沟通、增进了解、建立联系的最基本、最常规的方式，是人与人相互沟通的起点。

（1）自我介绍

在社交活动中，想要结识某人而又无人引见时，可以向对方做自我介绍。如能正确地利用自我介绍，不仅可以扩大自己的交际圈，广交朋友，而且有助于自我展示、自我宣传，在人际交往中消除误会，减少麻烦。

自我介绍时，可以先向对方点头致意，等得到回应后再向对方介绍自己的姓名、身份、单位等。自我介绍的具体形式有以下几种：

① 应酬式。适用于某些公共场合和一般性的社交场合。这种自我介绍最为简洁，往往只包括姓名一项即可。比如：

“您好，我叫许小倩。”

“我是蔡莉。”

② 工作式。适用于工作场合，包括本人姓名、供职单位及其部门、职务或从事的具体工作等。比如：

"我叫蔡小菲，在××大学从事财务工作。"

"我叫李慧玲，是××公司的销售经理。"

③ 交流式。在社交活动中，如希望新结识的对象记住自己，做进一步的沟通与交往，自我介绍时除介绍自己的姓名、单位、职务外，还可提及与对方某些熟人的关系或与对方相同的兴趣爱好等。比如：

"我叫谭兆英，是××音像出版社的财务主管。我与您的夫人是同学。"

"我是李海星，是××文化公司的经理。我和您一样，也是个球迷。"

④ 礼仪式。在讲座、报告、庆典、仪式等正规隆重的场合向出席人员介绍自己时，还应加一些适当的谦辞和敬语。比如：

"各位来宾，大家好！我叫王晓华，是××大学的教师。今天向大家谈谈自己在工作研究上的一些心得，有不当的地方请给予指正。"

"各位来宾，大家好！我叫张丽，我是××电脑公司的销售经理。我代表本公司热烈欢迎大家光临我们的展览会，希望大家……"

⑤ 问答式。在应试、应聘和公务交往中，对方可能会问及你的姓名、工作等。回答对方也是一种自我介绍。问答式的自我介绍，应该是有问必答，问什么就答什么。

"小姐，您好！请问您怎么称呼（请问您贵姓）？"

"先生，您好！我叫张敏。"

主考官："请介绍一下你的基本情况。"

应聘者："各位好！我叫李晓华，现年23岁，河北省石家庄人……"

进行自我介绍时语言要简洁清晰，充满自信，态度要自然、亲切、随和，语速要不快不慢，目光正视对方。在社交场合或联系工作时，自我介绍应选择适当的时间。当对方无兴趣、无要求、心情不好或正在休息、用餐、忙于处理事务时，切忌去打扰，以免尴尬。

（2）打招呼

打招呼是人们日常应酬中最常用的礼节之一。熟人见了面总要打个招呼，即使双方不太熟悉，仅有一面之交，再见面时也不应互不理睬，无所表示。漫不经心的习惯有时会给人以傲慢的印象。与别人见面时心不在焉，失去了打招呼问候的机会，无意间就形成了无礼的举止。

其实，打招呼并不难，难的是恰到好处，大方得体。

例1：傍晚时分，李小姐走在街上，迎面看到王叔从公共厕所出来，就热情地打招呼："王叔，您吃过了？"王叔一脸的不高兴，"哼"了一声就走过去了。正确的做法是说一声："您好！""您回家啊！""今天下班早呀。"

例2：张姐身材较胖，但总喜欢别人说她瘦。有一天，她穿了一件连衣裙，看上去挺高兴。李小姐碰见她，打招呼说："张姐，又瘦了。"张姐以为李小姐说自己瘦了，就高兴地问："真的？"李小姐说："我说衣服！"张姐一听就生气了，因为这触动了她的痛处。正确的做法是不要开玩笑，带着羡慕之意说："你穿这件衣服真好看！"不说胖瘦这个敏感的话题。

简单地说，打招呼要注意时间、地点、场合，不同的情况说不同的话。要尊重别人，不要拿人家的缺陷开玩笑。打招呼的语言要简明易懂，不要使用可能产生歧义的话语，如："您要是走了，那怎么办？"还要注意男女有别、长幼有序，不可没大没小，信口胡言。

具体来说，应注意以下几点：

① 主动大方。双方见面，不论彼此年龄、地位有何差距，一般应先主动大方地向对方打招呼，如果你是长辈，会显得你和蔼可亲；如果你是晚辈，则会显得你彬彬有礼。

② 因时而异。以一日早、午、晚为例，随时间变化，打招呼的用语也应随着变化。早晨，用"您早""您好"；中午，用"您好""午睡了吗"；晚上，用"晚上好""下班了"等等。

③ 因地而异。在公共场所，如大街上、公园、餐馆、商店等地遇到熟

人，可以大声问候，寒暄交谈，但也不要故作惊喜，大惊小怪。在开会、看电影、观看文艺演出时，不可大声寒暄，微笑着招招手、点点头即可。

④ 兼顾众人。如果打招呼的对象不止一个人，就要做到面面俱到。如果来者是两位长辈，可说“两位伯伯好”，表现谦恭有礼。同辈则可随便一些，如可说“二位有何贵干”。遇到三人以上，并且他们正自顾玩笑时，可“视而不见”，免得打招呼冲了对方的兴致（但事后碰到要说明）。如果对方中仅有个别人熟悉，虽然只能与熟人打招呼，但目光也应顾及其他人，以表示自己对他们的尊重，这也是对熟人的尊重。

⑤ 灵活应变。如果碰到特殊的场合打招呼，应灵活变通。所谓特殊场合，就是不宜按照常规打招呼的场合，或使人无法应答和难于应答的场合。比如，在厕所相遇，不要说什么实际内容，或点头以示看见了，或“噢，刘主任”，“喔，陈师傅”，支吾过去即可。这种含糊其词的招呼，既绕开了说“你从厕所出来了”，又避免了问“你吃过了”的难堪。另外，遇到晦气、伤心或让人难堪的事，与当事人打招呼时应机敏地岔开正题，绕开当事人倒霉的事，说些无关的话，这同样是一种营造和谐气氛的打招呼方式。

（3）寒暄

寒暄一开始是社交双方见面时谈天气、嘘寒问暖的应酬话，后来也就不限于谈天气了。作为社交手段，其基本作用是表明自己见到对方的喜悦，同时也表明自己的友好态度，以联络感情，保持友好关系。所以，在交往中一般不能光从“信息”的意义上来理解寒暄用语。

寒暄有很多种类型，比较常见的寒暄方式有以下几种：

① 问候型。问候型寒暄的用语比较复杂。

表现礼貌的问候语。如“您好！”“早上好！”“节日好！”“新年好！”交谈者可根据不同的场合、环境、对象进行不同的问候。比如，从年龄上考虑，对少年儿童可问：“几岁了？”“上几年级了？”对成年人可问：“工作忙吗？”从职业考虑。对老师可问：“今天有课吗？”对作家可问：“又有大作问世了吧？”对朋友、邻居、同事的问候就更为丰富了。若用得好，可以密切关系，增进友谊。

表现思念之情的问候语。如："好久不见，你近来怎样？""多日不见，可把我想坏了！"等等。

表现对对方关心的问候语。如："最近身体好吗？""来这里多长时间了，还住得惯吗？""最近工作进展如何，还顺利吗？"

表现友好态度的问候语。如"生意好吗""在忙什么呢"等貌似提问的话语，并不表明你真的想知道对方的起居行止情况，而只是表达自己友好的态度。听话人可以把它当成交谈的起始语予以回答，或把它当做招呼语，不必详细作答。

② 言他型。"今天天气真好。"这类话是日常生活中常用的一种寒暄方式。特别是陌生人见面，一时难以找到话题，就会说"东北天气很冷吧"之类的话，从而打破尴尬的场面。言他型是初次见面时较好的寒暄形式。

③ 触景生情型。这是针对具体的交谈场景临时产生的问候语，比如对方刚做完什么事，正在做什么事以及将做什么事，都可以作为寒暄的话题。如早晨在家门口或路上问："早晨好，上班吗？"在食堂里问："吃过了吗？"在图书馆或教室里问："这么用功，还在读书啊？"这种寒暄随口而来，自然得体。

④ 夸赞型。心理学家根据人的天性曾做过如下论断：能够使人们在平和的精神状态中度过幸福人生的最简单的法则，就是给人以赞美。比如，你的同事穿了一件新连衣裙，可以用赞美的语言说："小张，你穿上这件连衣裙更加漂亮了！"小张会很高兴。老李今早刮了胡子，可以说："老李越来越年轻了。"老李也会很高兴。

⑤ 攀认型。俗话说，山不转路转。在人际交往中，只要彼此留意，就不难发现双方有着这样那样的"亲""友"关系，如"同乡""同事""同学"甚至远亲等沾亲带故的关系。在现实生活中，这种攀认型的事例比比皆是。如："我出生在武汉，跟您这位武汉人可算得上同乡啦！""您是研究药物的，我爱人在制药厂工作，咱们可算是近亲啊！""噢，您是北大毕业的，说起来咱们还是校友呢。"这些事例说明，在交际过程中善于寻找契机，发掘双方的共同点，从感情上靠拢对方是十分重要的。

⑥ 敬慕型。这是对初次见面者尊重、仰慕、热情有礼的表现，如："久

仰大名！”“早就听说过您！”“您的大作我已拜读，获益匪浅！”“您也精神多了！”“小姐，您的气质真好。做什么工作的？”“您设计的公关方案真好。”

寒暄往往是正式交谈的前奏，它的“调子”定得如何，直接影响着整个谈话的过程，因此，对寒暄绝不能等闲视之。

2. 快速找到陌生人的兴趣点

与陌生人谈话是社交中的一大难关，处理得好，可以达到“一见如故，相见恨晚”的效果；处理得不好，可能导致四目相对，局促无言。

一般来说，对于任何一个素不相识者，只要事前做一番认真的调查研究，都可以找到或明或隐、或近或远的亲友关系。如果你在见面时及时找出这层关系，就能一下子缩短双方的心理距离，使对方产生亲切感。

三国时代的鲁肃就是一位攀亲认友的能手。他与诸葛亮初次见面，第一句话是：“我是你哥哥诸葛瑾的好朋友。”就凭这一句话，就使交谈双方心心相印，为孙权与刘备结盟、共同抗击曹操打下了基础。

使自己乐于与陌生人交谈，是解决与陌生人交谈这一难题的关键。许多人对于有陌生人在场的谈话，都有一种畏怯心理。有的人甚至见了陌生人一言不发，其实这是不明智的。想想看，当你刚刚认识现在已经很熟悉的老朋友时，不也是陌生的吗？如果拒绝和一切陌生人谈话，我们怎么会有朋友呢？轻易放弃一切结交新朋友的机会，有时会使我们遗憾终身。

那么，怎样才能快速找到与陌生人的共同话题，引发对方的兴奋点呢？

（1）察言观色，寻找共同点

一个人的心理状态、精神追求、生活爱好等，或多或少会在其表情、服饰、谈吐、举止等方面有所表现。只要你善于观察，就会发现双方的共同点。

一个退伍军人和一个陌生人在车上相遇，位置正好在驾驶员后面。汽车上路不久就抛锚了，驾驶员车上车下忙了一通也没有修好。这时，陌生人建议驾驶员把油路再查一遍，驾驶员将信将疑地查了一遍，果然找到了故障原因。

退伍军人猜测陌生人的绝活可能是从部队学来的，便试探地问道："你在部队待过吧？""嗯，待了六七年。""噢，看来咱俩还算是战友呢。你当兵时部队在哪里？"

就这样，一对陌生人谈了起来，后来还成了朋友。

当然，通过察言观色发现的信息，还要和自己的情趣爱好相结合，自己对此也感兴趣，才有可能打破沉寂的气氛。否则，即使发现了共同点，也会无话可说，或者说一二句就"卡壳"。

（2）以话试探，侦察共同点

两个陌生的人默默相对，为了打破沉默的局面，开口讲话是首要的。有人以招呼开场，询问对方的籍贯、身份，从中获取信息；有人通过听说话口音、言辞，侦察对方情况；有的以动作开场，一边为对方做某些急需帮助的事，一边以话试探；有的甚至借火吸烟，从而发现对方特点，打开交际的局面。

两个青年人从某县城上了火车，同坐在一张长椅上。其中一人问对方："在什么地方下车？""到终点。你呢？""我也是。你到南京什么地方？""我到南京山西路一亲戚家有事，你就是南京人吧？""不是的，我是到南京来走亲戚的。"两人发现双方共同点后谈得很投机，下车后还互邀对方往来做客。

这种融洽的效果看上去是偶然形成的，实际上也有其必然因素，那就是通过"火力侦察"发现了双方的共同点。

（3）听人介绍，猜度共同点

当你去朋友家串门时，遇到有陌生人在座，作为对二者都很熟悉的主人，会马上出面为双方做介绍，说明双方与主人的关系、各自的身份、工作单位，甚至个性特点、爱好等。细心人从主人的介绍中马上就可发现对方与自己的共同之处。

小马和小王一起到朋友家做客，主人为这对陌生人互相做了介绍，他们马上发现自己都是主人的同学这个共同点，于是围绕“同学”这个突破口进行交谈，相互认识和了解，很快就熟络起来。

这当中重要的是听主人介绍时要仔细分析，发现彼此的共同点后再在交谈中加以延伸，不断发现彼此新的共同关心的话题。

（4）揣摩谈话，探索共同点

为了发现陌生人与自己的共同点，可以在对方和别人谈话时留心分析、揣摩，也可以在对方和自己交谈时揣摩对方的话语，从中发现彼此的共同点。

在广州某百货商店，一个男顾客对服务员说：“请你把那个东西拿给我看看。”他把“我”说成字典里查不到的地道的苏北土语。在场的另一位顾客听见后，也用手指着货架上的某一商品，对营业员说了一句相同的话。两句字里行间都渗透着苏北乡土气息的话，使两位陌生人相视一笑，买了各自要买的东西，出了店门就热络地交谈起来，仿佛一对久别重逢的老朋友。看着他们那谈笑风生的样子，不知情的人怎么也不会相信这是因为双方揣摩出对方的一句家乡话而造成的结果。

由此可见，通过细心揣摩对方的谈话确实可以找出双方的共同点，使陌生的路人变为熟人，甚至发展成为朋友。

（5）步步深入，挖掘共同点

发现双方的共同点并不太难，但这只是谈话初级阶段所需要的。随着交谈内容的深入，共同点会越来越多。为了使交谈更有益于对方，必须一步步地挖掘深一层的共同点，才能如愿以偿。

一个度假的大学生和一位工作多年的律师，在一个共同的朋友家聚餐。经主人介绍认识后，他们发现彼此对社会上不正之风的看法有很多共同点，不知不觉展开了讨论，从一些不良的社会现象，谈到其产生的土壤和根源……他们越谈越深入，事后双方都认为这次交谈很贴心、很畅快，双方都增强了为纠正不正之风而尽力的自觉性。

寻找双方共同点的方法还有很多。譬如双方面临的共同的生活环境、共同的工作任务、共同的行路方向、共同的生活习惯等。只要仔细观察，陌生人无话可讲的局面是不难打破的。

3. 初次见面给人好印象的技巧

大部分人和知心朋友见面都会很开心和放松，但和素不相识的人会面总会感到局促和紧张，并且顾虑重重。这是因为，和初次见面的人面对面谈话时，两人的视线极易相遇，导致紧张感增加。因此，见面之前最好先拟定一套推销自己的计划，按部就班地实施。

（1）巧妙介绍自己的名字

与人初次见面时，如想让对方记住自己，最简单的办法就是让对方记住自己的名字。比如，你可以对自己的名字做一个简单但容易被别人记住的介绍："我姓接，接二连三的接。认识我，你会有接二连三的好运！"

（2）呼叫对方的名字

将对方的名字挂在嘴边，容易使对方产生一种亲密感，宛如双方已相交多年。其中一个原因是，对方感觉到你已经认可了他。

名字不仅是一个代号，在很大程度上也是一个人的象征。初次见面时能说出对方的名字已经很不错了，若再对对方的名字进行恰当的剖析，就能使双方的关系更上一层楼。譬如对一个名叫“建领”的朋友，你可以谐音地称道：“高屋建瓴，顺江而下，可攻无不克，战无不胜，可谓意味深远呀！”对一位叫“细生”的朋友，可随口吟出“随风潜入夜，润物细无声”。或者用一种算命者的口吻剖析其姓名，引出大富大贵、前途无量之类的话也未尝不可。

大部分人不习惯或者不愿意直呼别人的名字。殊不知，呼喊别人的名字可以增进彼此的亲密感，尤其是当你们不熟悉时，你喊出对方的名字，会给对方一个惊喜，称赞对方的名字更是一种尊重（当然，这不适用于长辈）。

（3）保持礼仪，体现你的尊贵

作为一个女人，对“第一印象”应予以高度重视，要充分利用“首因效应”。除了依靠漂亮的五官、健美的身段及得体的服饰等这些表象的东西，更要学会以优雅的举止、熟练的礼仪作为手段，对自身的形象精心设计，展示自己充满魅力的女性风采，因为只有二者的结合才能让人觉得自己更有教养和风度。

假如一个女人天生丽质、貌若天仙，如果她整日浓妆艳抹，浑身名贵饰品，充其量人们只会承认她阔绰，而不会称道她的“品位”。而一个讲究礼貌、仪表整洁、尊老敬贤、助人为乐的女人，如果她的一言一行与礼仪规范相吻合，人们定会称赞她的教养与风度。

古语云：礼者，敬人也。尊敬他人是获得他人好感进而与他人友好相处的重要条件。反之，自高自大，忽略他人的存在，就很难得到他人的配合，而且是不懂礼貌的表现。比如，与人初次相见，对方递上名片，你连看都不看一眼便装入兜里或随便一放，对方肯定内心不悦。如果你用双手将名片接过，花不少于30秒钟的时间从头到尾地看一遍，并客气地向对方道一声“谢谢”，对方内心肯定会有一种被人重视的优越感，从而营造一种良好的氛围，为话题的深入与事情的发展打下良好的基础。

（4）把握插话的时机与分寸

一个会说话的女人，在听别人说话时，懂得把握插话的分寸和时机。

在别人说话的时候，不能盯着对方一言不发，也不能不停地打断对方插话，正确的做法是在适当的时候做出恰当的反应。

要想成为一个受人尊敬、被人喜欢的女人，就应该学会倾听别人说话，不要胡乱插话。当然，在必要的时候也可以附和一下，让对方知道你在听他说。比如，你可以说："哦，那真不是一件容易的事。""我非常理解你当时的心情。"

听人说话务必有始有终，但是能做到这一点的人却不多。有些女人因为疑惑对方所讲的内容，常脱口而出："这话不太好吧！"或因不满意对方的意见而提出自己的见解。甚至当对方略作停顿时，抢着说："你要说的是不是这样……"这时，你的插话很可能打断了别人的思路，让他忘了自己要讲些什么。

当别人谈兴正浓，而你想加入他们的谈话时，不要突兀地打断说："喂，你们在谈什么呢？"这样很容易引起别人的不快。应尽可能找个适当机会，礼貌地说："对不起，我可以加入你们吗？"或者大方、客气地打招呼，叫你的朋友介绍一下，自然地加入谈话行列。

（5）记住对方所说的话

记住对方说过的话，事后再提出来作为话题，也是表示关心的做法之一。尤其是兴趣、嗜好、梦想等，对对方来说是最重要、最有趣的事情，如果你将它们提出来作为话题，对方一定会觉得很愉快。

不少女人在倾听别人说话时表现出唯唯诺诺的样子，好像什么都听进去了，但等到别人说完，她却又问道："很抱歉，你刚才说什么？"这种态度是有失礼节的。

（6）适当表达你的缺陷

表达缺陷，可以赢得关注。实际上，一丁点瑕疵根本遮掩不了你本来的光辉。之所以如此说，是因为坦率地暴露缺点，反而会使人对你正直、诚实的作风留下深刻的印象。而这种诚实、正直往往转变成别人对你的信赖，自然你也就大受其益了。

暴露的缺点只要有一两个就可以了，他人难以将这一两个缺点和你的其他部分联想在一起，因而产生你的其他部分毫无缺点的感觉。“这个人有点小缺点，但是其他方面挑不出毛病来，是个相当不错的人！”类似上述的想法能深深植入别人的心中。暴露自己的缺点，绝不是毫不保留地将所有缺点都暴露出来，那样做反而会让人认为你是个毫无可取之处的人，从而破坏你的形象。

（7）不过分掩饰自己

很多人都不想让对方看透自己，不敢大胆地表现自己独特的个性，但这样做的结果往往是束缚了自己，无法畅所欲言、自由表现。而把性格的真实一面展示给对方，就不会有太多的顾虑。

（8）坐在对方旁边的位置

很多女人和陌生人第一次见面时，总难以消除一种心理：紧张和畏惧。若与人交谈时坐在对方旁边的位置，由于不必一直意识到对方的视线，只在必要时接触对方的视线即可，精神反而容易放松下来。因此，和初次见面的人要增加亲切感时，最好避开和他面对面的交谈方式，尽量坐在他旁边的位置。

4. 与人交谈应自然得体

与身份地位高的人交谈，大多数女人的心理是羞怯的，尤其是与社会名流交谈，更容易心里没底，语无伦次。

而会说话的女人面对任何一位名人，都会把他视为一位有血有肉的人来对待，对他提出一些能够表达感情的问题，而不会把他视作什么超人，尽说是吹捧之言。事实也是如此，社会名流也是人，他们可能跟你一样生性害羞，或许还比你的心理更脆弱。

当你准备去拜访某位名流时，可以提前准备一下谈话内容。如果对方知名度很高，可以先了解一下他的个人情况。比如他被邀来做演讲，而你想与他结识，可以向邀他来的单位或个人索取他的相关资料。

准备充分后，下一步就是见面了。如果是初次和名流见面，应该怎样做呢？方法就是“问正确的问题”。问题应该是开放式的，以便对方回答时不受拘束，感觉很和谐。你所提出的问题，一定不能是用简单的“是”或“不是”来回答的，而需要较长的答案。只有这样，你才有可能引起这些社会名流的谈话兴趣。

根据经验，以下几个问题是比较有效的，它能够让回答的人感觉良好。因为它们非常友善，而听者也可以通过回答者的话了解其思路和想法。

（1）“您最满意您在事业中的哪一方面？”这个问题将激发出名人的正面感觉，远远胜过所有的负面问题。

（2）“假如您知道自己绝不会失败，您将怎样度过您的一生？”几乎每个人都会很欣赏你问的这个问题，因为这给了他一个展望梦想的机会。

（3）“您的创业历程是怎样的？”每个人都喜欢讲自己的成功故事，每个人都喜欢自己在他人心中成为主角。你要做的就是倾听，让他觉得你对此非常感兴趣。

（4）“近年来，您都看见您所在的行业发生了哪些重大的变革？”拥有丰富经历的人都喜欢回答这样的问题，因为这显得他在其所在的行业中举足轻重。

（5）“您认为让人成功的最有效办法是什么？”这是展示自己成功心得的机会，名人通常是不会拒绝的。

（6）“您对这个行业的未来有什么看法？”回答这个问题让名人显得高瞻远瞩。

（7）“对一位刚进入这个行业的人，您会给予什么样的建议呢？”回答这个问题，让名人显得非常有成就感，因为好为人师是每个人的天性。

（8）“您和您的公司与竞争对手的明显区别是什么？”这是一个“自我标榜性”的问题。我们向来被教导要谦虚做人，名人也不例外，但这个问题给了名人一个吹嘘自己的机会。

（9）“您希望别人用一句什么样的话来描述您和您所取得的成就

呢？”这其实是在给他一个很大的赞扬。每个人都很在乎自己在别人心目中的形象和评价，名人也不例外。

当然，这些问题并不一定都要问到，只需要选择其中几个就可以。需要注意的是提问的方式。你的语气要表现出你对对方充满兴趣和崇敬，不能像评论家那样用质问的语气，也不能抢时间。自然得体的方式、不卑不亢的态度是你最需要的，这会让名人感觉良好，进而营造出一种融洽感。不要忘了你的目的：让名人对你感兴趣。

此外，对于不同的名人，还要采取不同的说话方式。

对于不喜欢多说话的名人，比如作家、诗人、画家、音乐家等从事创作性工作的人，他在社交场合也许不活跃、不自在，但他有启发人们思想的独到之处。和他说话，必须要有耐心，不要轻易动怒或不耐烦，也不要太热切，要温和、冷静和体贴，像应对任何敏感的人一样。

对于名气不是太大的人，由于他通常生活在情绪不稳定的状态中，他内在的恐惧使他脆弱敏感，因而别人稍有疏忽就会激怒他，而且他也容易傲慢。然而，他绝对需要你的尊重和顺从，他的名气愈小，对于亲近、尊重的需要也就愈大。

对于过了人气的名人，最好采取迂回的战术。最忌讳的问题是：“这些日子以来你是如何打发的呀？”“我们很久没有见你在公众场合露面，你都去哪儿了？”“这么久不在舞台上露面，觉不觉得无聊呢？”这些话等于当头泼他一盆凉水，让他尴尬万分。

经验表明，在多数情形下，与名人谈孩子是不会错的。当然，如果你不能确定对方是否已婚，就不要提及这个话题。你可以问对方有几个孩子，多大了，他们现在在哪儿，以及孩子读的学校好不好，学习成绩怎么样等等。如果你也当了妈妈，就更具备和他们谈孩子的资格了。你可以告诉他，你的孩子已经长大，或与对方的孩子同龄；你也可以向他表达你对孩子染发的感觉，或网络游戏对孩子的负面影响等等。但话题不要扯得太远，应适可而止，更不要把所有的隐私都抖出来。

5. 巧妙应对让人厌烦的人

在社交场合，我们会遇到各种各样的人，其中肯定有不少我们讨厌的人。人与人之间，若能够敞开心扉，谈笑风生，妙语连珠，畅所欲言，确实是一种精神上的享受。但有些交谈难免令人厌烦，想躲又躲不了，不躲又如坐针毡。

当你处在这种情况之下时，该怎么办呢？

（1）对打探隐私者，要答非所问

任何人都有隐私。在每个人的内心深处，都有着一块不希望被人侵犯的领地。但总有人不知谈话的要领与忌讳，出于好奇，每次都要问你“年龄多大”“收入多少”“夫妻感情如何”等让人不想回答的话题。

遇到这种人，不能有一说一，有二说二，最好的方法是答非所问。如果他问你“谁是你晋级的后台”，你就说“全托你的福”；如果他问你“奖金多少”，你就说“不比别人多”。总之，对于对方的提问，不是不答，但答非所问，这样既不会得罪对方，又不会让对方达到目的。

（2）对唉声叹气者，要注入活力

有些对前途悲观、谈话以自我为中心的人，往往不断地向对方大诉苦水，唉声叹气，使交谈的人听也不是，不听也不是。

跟这种人进行交流，要给其注入活力，增强其信心。在唉声叹气者的心里，他并不认为自己能力差、抱负小，相反，他迫切希望得到他人的肯定，说他有着非凡的天赋、有着不寻常的水平等。与这种人进行交流，应该适当肯定他的特长，赞扬他的成绩，给其注入蓬勃向上的活力。如此，他会对你非常亲近，并且对你充满感激。

（3）对道人是非者，要哼哈而过

道人是非者，在你面前说他人的坏话，自然也会在他人面前说你的坏话。不要以为把他人是非告诉你的人便是你的朋友。“来说是非者，便是是非人。”

远离这种人的办法，是对他说的任何是非话题都做出冷淡的反应，从而让他知“错”而退。在某些情况下，“哼哈”是一种不可小视的处世技巧。与其言语交流，哼哼哈哈，不失为一种好办法。因为“哼哈”是一种模糊语言，既会让道人是非者感受到你的成熟，又让他觉得这个话题无法再继续下去，从而中止谈话，或者使谈话朝着健康的方向发展。

（4）对喋喋不休者，要巧妙提问

交谈时，人们往往讨厌那种长篇大论、说个没完没了的人。有些人说得多，但却说不好，他们天文地理能谈，男女情事也能谈，谈的时候眉飞色舞，表情丰富，滔滔不绝，从不觉累，也从不顾及听者的感受。

遇到喋喋不休者，既不伤及对方感情又让对方少说的方法，就是巧妙提问。一是根据他说的话题提问一些难题，让他不知如何回答；二是提一些与当前话题无关的问题，如：“打扰一下，现在几点了？”这样一来，对方会感到有些错愕，从而停顿下来，让你腾出时间来干一些有益的事。

（5）对啰唆说教者，要重于聆听

有的人喜欢对他人“谆谆教诲”，这种人往往自以为是、居高临下、唯我独尊、盛气凌人，他说的十句话中，你可以找出“你应该”“你必须”“你不能”之类的词语七八处。

啰唆说教者虽然令人生厌，但对你没有坏处，而且有益。一是你可以从他的话语中吸取有益的成分；二是聆听他的啰唆对增进你们的情谊有好处。因此，和这种人交流，要重于聆听。只要你没有急需办的事情，不妨静下心来听一听，记一记。

（6）对自我炫耀者，要幽默风趣

有的人见到他人，一张嘴便是“我人缘好”，一出口便是“我能耐大”。自我炫耀者既是个自卑者，又是个自负者，听者为此觉得脸红，他却浑不知羞。

这种人常常外强中干，他“吹牛”的目的只是为了引起大家对他的关注，以满足他的虚荣心。这种胡乱吹嘘给人一种巧言令色、华而不实之感。

和这种人进行交流，正确的方法是用幽默风趣的话语作答。对他说的大话，你不能加以肯定，肯定了，他会以为你是个不可信之人；但你又不能加以驳斥，驳斥了，他会以为你是个不可亲近之人。正确的做法是幽默作答，似是而非，嘻嘻哈哈，一笑而过。

（7）对灭人志气者，要攻其痛处

有的人说话时话语中充满了尖刻辛辣，不顾别人是否能接受。这种人往往能言善辩，却“茕茕孑立、形影相吊”，让周围的人敬而远之。

与这种人交谈，一味顺着会使他变本加厉。最好抓住机会，攻其痛处，比如他过去的愚蠢、无能、可笑的事迹，或者他当前说的话语漏洞、用词不当，使他心中产生不快，从而使他推己及人，体会出他当前的错误举动，管住自己的嘴。

（8）对嚣张好斗者，要句句真理

有时你正与人谈得兴高采烈时，可能会插进来一位“杠子头”，对你横挑鼻子竖挑眼，使好好的交谈气氛充满火药味。这种人多认为自己高人一等，无事不通，无所不能，他自己以真理的化身自居，气势咄咄逼人。这种人一旦对你怀有成见，就会处处跟你唱对台戏。

遇到这种情况，要做到使自己的每一句话都成为无懈可击的真理，并且还是简单的真理，这样对方便无法攻击你。用不了多长时间，憋得难受的对方就会主动告退。

（9）对满口假话者，要纠正其一

有的人说起谎来丝毫不会感到内疚。他撒谎可能是为了掩饰自己、标榜自己、美化自己，可能是觉得你的辨别能力很差，从而摇唇鼓舌，胡说乱扯。与这类人交流，对你是有害的。假话说上十遍，可能会使你觉得真的有那么一回事。

与他交流，应该懂得“攻其一点，崩溃全线”的战略战术。抓住假话中的其中一项，有把握地提出反对意见。这样一来，他就会觉得羞愧，他那种神采飞扬的气焰立刻就熄灭下去。这种攻其一点的做法，既不会伤及其自尊心，又会让其对自己的撒谎毛病有所忌惮。

（10）对俗不可耐者，要适当指教

有的人为了给他人一个好印象，便让自己的话语里堆满华丽辞藻，乱用一些专业术语，显得矫揉造作，华而不实；有的人日常说话粗鲁不雅、废话连篇、啰里啰唆、乏味单调，某句话可以重复十遍，某件事可以问九次。他多半知识面窄、社交力差，心中有一种自卑感。

因此，和俗不可耐者交流，要适当进行指教，说出一二种正确的做法、注意的事项，满足他的需求，但又不能过多指教，以免伤了他的自尊心，触及他自卑的痛处。

第二节 幽默的女人受欢迎

1. 善用幽默的力量

风趣幽默的语言往往能产生“四两拨千斤”的力量，达到举重若轻、一言九鼎的交际效果。人们都喜欢与幽默的女人交往，因为懂得幽默的女人更容易接近，给人一种亲切感。懂得幽默的女人，身边的人会被她丰富多彩的内心世界所吸引，而淡忘了她的外在条件。她散发出来的魅力磁场异常迷人，使周围的人都愿意向她靠拢。幽默能显示出一个女人的风度、素养和魅力，让人在忍俊不禁、轻松活泼的气氛中工作、生活和学习。幽默是一种高深的说话艺术，幽默不仅能给周围的人以欢乐和愉快，同时也可以提高个人的语言魅力，为谈话锦上添花。

在与人交往的过程中，当你看穿了别人的想法但又不便直说时，不妨神色自若地运用一下幽默，定能达到自己想要的交流效果。尤其是对那些没必要争执或不值得争执的问题，幽默更能收到很好的效果。

小叶是个美丽、活泼的女孩，在公司很招人喜欢。有一次，她参加公司的茶话会，刚走进会场，一位平时嫉妒她的同事上前和她打招呼：“喂，今天你怎么了，浓妆艳抹的。”小叶看了看那个同事，笑着慢悠悠地说：“哟，你怎么这么夸我呀，我今天没来得及洗脸呢。”

在场的所有同事都哈哈大笑，攻击她的那位同事也跟着笑了。一场没有必要的争论和尴尬，就这样被小叶的幽默化解了。

适当的幽默能帮助女性与他人建立和谐的关系，赢得别人的信任和喜爱。一个女人无论从事什么工作，处于何种地位，与各色人物交往都是不可避免的。幽默不仅能帮助女性更好地与他人进行有效的沟通和交往，还能帮助她们处理一些特殊的人际关系问题，从而顺利摆脱困境。

一位喜剧女演员到某餐厅吃午饭。突然，一位老妇人走向她的餐桌，举起手来摸了摸她的脸庞。老妇人的手指滑过她的五官，带着歉意说：“我看不出它有多好。”“省省你的祝福吧！”女演员说，“我看起来也没多好看。”

女演员的这一妙语，打破了双方的尴尬局面。一个面带怒容或神情抑郁的女人，永远不会比一个面带微笑、风趣幽默的女人更受欢迎。

对女人来说，幽默不仅是一种说话技巧，更是智慧的表现，这智慧中蕴涵着一种宽容、谅解以及灵活的人生姿态。事实上，当交流陷入尴尬的境地时，无论是名人还是普通人，无论是随机应变还是荒诞的推理，一些幽默技巧的运用都可以让你摆脱尴尬，甚至可以给对方以有力的回击。这就是幽默的超级效用。

一位大学女教师50岁的时候，决定于某天结束她的教学生涯。这天，她正在学校大礼堂讲最后一课，一只美丽的知更鸟停在窗台上，不停地欢叫着。她出神地打量着小鸟，许久，她转向学生们，轻轻地说："对不起，诸位，我要失陪了，因为我与春天有个约会。"言毕，她微笑着走了出去。这句美好的结束语充满了诗意，也颇具幽默感，赢得了学生们热烈的掌声。

不论在什么时候、什么场合，幽默都能帮助你打开人与人沟通的大门。只要你稍微留意一下，生活中处处可以发现不易为人察觉的幽默。

对于善于制造幽默的女人，还要善于用自身的幽默来接受他人的幽默。

有两个卖保险的女士发生了争执，双方都夸耀自己公司支付保险金的速度快。第一位说她的公司肯定能在事故发生当天就将保险金送到投保人手里；另一位则说："那根本不算快。我们公司在大楼的第30层，如果有一天一位投保人从40层楼跳下来，当他经过30层时，我们就能将保险金从窗口交给他了。"

善于运用幽默的力量，总能让自己获益匪浅。善于幽默地调侃他人，同时也能接受他人的幽默调侃，如此便能赢得友谊，在社交活动中游刃有余，赢得成功。

2. 用玩笑话营造轻松氛围

女人的幽默是非常可贵的，特别是在气氛紧张、严肃的场合，一个适当的玩笑可以松弛紧张的气氛。好比打开了一道闸门，压力就此倾泻而出，换来的是融洽的气氛。会说话的女人会巧妙地用幽默轻轻拂去可能飘来的一丝不快，改变人们的心情和处境，建构起特有的幽默氛围，巧妙得体地摆脱自己遇到的尴尬场景。

有一次，一个女翻译与士兵们一起开庆功会。在与一个士兵碰杯时，那个士兵因过于紧张，举杯时用力过猛，竟将一杯酒泼到了女翻译的头上。士兵当时吓坏了，女翻译却用手擦了擦头顶的酒，笑着说："小伙子，你以为用酒能滋养我的头发吗？我可没听说过这个偏方呀！"大家听了都哈哈大笑，这个士兵对女翻译也充满了感激和崇拜。

幽默的女人，说出的话虽然让人感到如憨似傻，却因心境豁达，反而令人感受到她厚实的天性和无穷的智慧。

在社交中，人们都希望出现令人愉悦的场面，所以会开玩笑、能够制造欢乐气氛的女人通常更受欢迎。以下方法可以让你成为社交场上的活跃人物：

（1）调侃对方

在人际交往中，心无戒备、偏见及不带恶意的玩笑话，会使人更加无拘无束。诙谐、调侃中的"君子风度"，最能活跃气氛。经验证明，朋友间也是如此，若心无芥蒂、毫无隔阂，开句玩笑贬低一番对方，互相攻击几句，打几拳、给两脚，并不是坏事，反倒显得彼此间亲密无间。彼此毕恭毕敬未必就没有矛盾，而平日吵吵闹闹的夫妻、朋友可能会更亲密。

一天，诗人海涅收到了朋友寄来的一封很重的欠邮资的信。他拆开一看，原来是一大捆包装纸，里面附着一张小纸条："我很好，你放心吧！你的梅厄。"

几天后，梅厄也收到了海涅寄来的一包很重的欠资包裹，他领取这包裹时，不得不付出一大笔现金。原来，包裹里面装的是一块石头，也附有一张纸条："亲爱的梅厄：当我知道你很好时，我心里的这块石头也就落地了。"

(2)夸张赞美

这种方法会把人抬得极高，但没有虚伪、奉承之嫌的介绍，会立即使气氛变得异常活跃。

老朋友、新同事见面后，不免介绍寒暄一番，这是个极好的活跃气氛的机会。借此发表一番“外交辞令”，把每个人的才能、成就、天赋、地位、特长等做一番夸张式的炫耀与渲染，可以让对方感到自己深深地为你所了解、所倾慕。尤其是利用这种方式把朋友推荐给第三者时，谁也不会去计较其真实性，但你却张扬了朋友乐于被张扬的内容。

(3)搞恶作剧

恶作剧具有出人意料的效果，它源于幽默，制造欢笑。女人有分寸地取笑、调侃朋友并不是坏事，双方自由自在地嬉戏，超脱习惯、道德，远离规则的界限，享受不受束缚的“自由”和解除规则的“轻松”，是极为惬意的乐事。人们在捧腹大笑之余，会深深地感谢那个聪明的快乐制造者。

(4)寓庄于谐

女人在社交中不需要总是表现得过于庄重，自始至终保持庄重气氛会使人感到紧张。寓庄于谐的交谈方式比较自由，在许多场合都可以使用。用风趣、诙谐的语言，同样可以表达较重要的内容。

(5)激发共鸣

朋友、同事相聚，最忌一个人唱独角戏、大家当听众。成功的社交应是众人畅所欲言，各自表现出最佳的才能，做出最精彩的表演。为了达到这一目的，必须寻找到能引起大家广泛共鸣的内容。有了共同的感受，彼此间才可各抒己见，气氛才会热烈。所以，如果你是社交活动的主持人，一定要把活动的内容与参加者的好恶、最关心的话题、最擅长的拿手好戏等因素联系起来，以免出现冷场。

(6)贬抑自己

懂得自我贬低、自我解嘲的女性是明智的。老练而自信的人往往会采取这种交谈方式。贬抑自己会收到欲扬先抑、欲擒先纵的效果，既可活跃气氛，又能博得他人好感，众人将在哄笑声中重新把你抬得很高。

（7）制造漏洞

漏洞是悬念，是“包袱”，它会让人格外关注你的所作所为，并集中精力，全神贯注地听你说话。待你抖开“包袱”后，人们发现是虚惊一场，都会付之一笑。

（8）提出荒谬问题并巧妙应答

生活中，总是一本正经的人会给人古板、单调、乏味的感觉。交谈中不时穿插一些别人意想不到、貌似荒谬而实则极有意义的问题，是一种很好的活跃气氛的方法。

当有人问你一些荒谬的问题时，如果你直斥对方荒谬或不屑一顾，不仅会破坏交谈气氛、人际关系，而且会被人认为缺乏幽默感。学会提出引人发笑的荒谬问题并能巧妙应答，有助于良好社交气氛的形成。

某著名学者曾经在法国巴黎大学留学，参加博士论文答辩时，主考人问了他一个非常奇怪的问题：“《孔雀东南飞》里面为何不能写成‘孔雀西北飞’？”他略加思索，答道：“西北有高楼。”

该学者引用的是《古诗十九首·西北有高楼》中的句子，其实和《孔雀东南飞》毫不相干，但用来回答主考人的问题却再恰当不过了。正因为“西北有高楼，上与浮云齐”，孔雀自然是飞不过去了，所以只能在东南方向来回穿梭。

3. 善用自嘲摆脱窘境

在社交活动中，有时难免出现你掌握的信息与对方有出入的情况。比如，当你没估计到对方是四川人但并不喜欢川菜，当你突然说错了话时，你原来所准备应付的话语全忘记了，一下子陷入交际的窘境，不知如何是好。而会说话的女人则能借助自我解嘲，化尴尬为融洽。

自我解嘲，是指以自我嘲弄的形式，自贬自抑，堵住别人的嘴巴，摆脱窘境，从而争取社交主动权的一种谋略。矜持的女性也不妨放下架子，适时采用自我解嘲策略，定能收到奇效。比如嘲笑自己的长相、缺点、遭遇等，可使自己轻松地摆脱困境，为自己解围。

一位女钢琴家举办了一场演奏会，结果发现到场的观众还不到五成，这让她既失望，又尴尬。但她并未因此而取消演奏，而是以幽默的语言打破了僵局。她微笑着走上舞台，对在场的观众说："我想这个城市的人一定很有钱，因为我看到你们每个人都买了二三张票。"话音一落，大厅里立即充满了笑声。

这位女钢琴家的成功之处，在于她对空座位产生的原因的解释虽然荒诞，却很奇妙，因此让幽默产生的喜悦冲淡了因观众少而产生的尴尬气氛。当原因荒诞时，才会产生心理预期的落差。荒诞一些，幽默意味也就会强一些。

作为现代女性，无论一个人的言谈多么令自己反感，也应该努力保持自己的良好形象。记住，巧妙地利用一些技巧，为自己轻松解围，才是一个会说话的女人聪明的选择。愉人悦己——懂得适时幽默的女人最迷人。

一位女主持人受邀为某市的一个大型文艺晚会担任主持人，出人意料的是，在晚会上，女主持人下台阶时不小心摔了下来。在大型场合出现这样的情况，确实令人尴尬，但她却非常沉着地爬起来，对台下的观众说："真是马有失蹄，人有失足呀。我刚才的狮子滚绣球节目滚得还不熟练吧？看来这次演出的台阶不是那么好下哩，但台上的节目会很精彩的，不信，你们瞧他们！"

女主持人这段自我解嘲式的即兴话语非常成功，不但使自己摆脱了难堪，而且显示了她非凡的口才，以至于她话音刚落会场就爆发出热烈的掌声。

自嘲，是女人幽默的最高层次。口才好的女人以自己为对象来取笑自己，可以消释误会，抹去苦恼，感动别人，获得他人的好感。

一位女作家因为写作太累，在开会时睡着了，而且鼾声大起，逗得与会者哈哈大笑。她醒来时才发现大家都在笑自己。一位同仁说：“身为一个女人，你居然能打出这么有水平的‘呼噜’！”她立即接茬说：“这可是我的家传秘方，高水平的还没有发挥。”就这样，在大家的哄笑声中她为自己解了围。

运用自嘲，既表达了自己的意图，又使对方乐于接受。所以，当交谈陷入窘境时，逃避嘲笑并非良方，而你怒不可遏地反唇相讥则会遭到更多的嘲讽，不如洒脱一点，自嘲自讽，反而显出你的豁达、自信。这种洒脱使你摆脱了“狭隘的自尊心理束缚”，又堵住了别人的嘴巴。

4. 巧用幽默进行反击

在人际交往中，我们经常会遇到一些意想不到的事情，或是自己失言失态，或是对方的反应不如预料的好，或是周围的环境出现了我们没有考虑到的因素，或是遭到一些不怀好意的攻击等等，这些猝不及防的情境往往令我们狼狈不堪。这个时候，最有效的解决方法就是用幽默来应对。

苏珊是一个刚刚成名的女作家，她的言情小说很受读者喜爱，在新书发布会上，她受到了很多读者的追捧。但在发布会的台下，有个男人对苏珊很不服气，他走到她面前，很不友好地说：“你的作品写得真好，不过，请问是谁帮你写的呢？”

很明显，这个无礼的家伙是故意来闹事的。发布会的气氛顿时变得紧张起来，所有声音都消失了，读者们面面相觑，场面很尴尬，大家都不知道接下来会发生什么。

但苏珊并没有表现出尴尬的神情，也没有生气，反而面带微笑，礼貌地回答道："谢谢你对我的作品的夸奖。不过请问，是谁帮你看的呢？"

苏珊的反问让那个人哑口无言，灰溜溜地逃走了，台下响起了一片掌声。苏珊以智慧的幽默赢得了这场"战争"。

有些喜欢捣蛋的人，在公共场合中会突然把你拦住，然后提起一件你讳莫如深的往事，有恃无恐地出你的丑，或是公开你的隐私，或是大谈你干过的傻事、闹出的笑话。如果这时你生了气，他就会说："我只不过是跟你开开玩笑，你也太神经过敏、太缺乏幽默感了。"

别花过多的时间为你受到的伤害而烦恼，不要冥思苦想"为什么这人要对我如此恶作剧"之类的问题。也许有的人是故意使你感到窘迫，因为他觉得你对他造成了威胁，或者是你曾经做过对不起他的事情，他想借机报复你一下；也有的人是习惯于开这类玩笑，从不考虑别人是否受到了伤害。对于后一类人，没有必要去计较他是不是故意的。

有了这种认识后，你的心情就不会那么紧张激动了。当然，怎样摆脱窘迫的处境，要依情形而定。

在交际场合，当你遇到小人含沙射影、指桑骂槐时，不妨采用以下策略：

（1）以牙还牙

及时巧妙地抓住对方讲话内容中的漏洞反戈一击，来揭露丑恶，戏弄无知，回击恶意的挑衅，以解脱窘境。

安徒生生活十分简朴，曾戴着一顶破帽子在街上行走。有个过路人取笑他说："你脑袋上边那个玩意是什么？能算是帽子吗？"安徒生随即回敬道："你帽子下面那个玩意是什么？能算是脑袋吗？"

安徒生的话，就是借用对方的句式来讥笑对方，使旁观者感觉痛快淋漓，酣畅无比。

（2）表达不满

周女士因公出差，在火车上与一位看起来挺有涵养的男士坐在一起。这位男士主动和她搭讪，周女士觉得一个人干坐着也挺乏味的，就和他攀谈起来。

刚开始，这位男士还算规矩，但是在谈到乘车难的感受以及对当今社会一些不合理现象的看法时，他话锋一转，问了周女士一句："你结婚了吗？"周女士一听顿生厌恶，她态度平和地说："先生，我听人说过这样一句话，前半句是'对男人不能问收入'，所以我才没有问你的收入；后半句是'对女人不能问婚否'，所以你这个问题我是不能回答了！请原谅！"那位男士听周女士这么一说，也觉得自己有点唐突，他尴尬地笑了笑，不再说话了。

上例中，周女士寥寥数语，既表达了自己对对方失礼的不满，又没有令对方下不来台，可谓一举两得。

（3）以毒攻毒

当对方用恶毒的话攻击你的时候，不妨顺水推舟，借他的话回敬他。

孔融10岁那年，有一次到李膺家做客。当时在场的都是些社会名流，孔融应答如流，得到了宾客们的称赞。但有一位名叫陈韪的大夫却不以为然，讥讽他说："小时候聪明，长大了未必聪明。"孔融听了立刻回击道："我想先生小时候一定很聪明吧？"

孔融采用以其人之"法"还治其人之身的语言形式，以问作答，把对方射过来的"炮弹"又原样给弹了回去，暗示对方长大后就变愚蠢了。

当你要表达内心的不满时，如果能使用幽默的语言，别人听起来便会比较顺耳；当你需要把别人的态度从否定变为肯定时，幽默是最具说服力的语言；当你和他人关系紧张时，即使在冲突一触即发的关键时刻，幽默的语言也可以帮你摆脱不愉快的窘境并能化解矛盾。

如果说语言是心灵的桥梁，那么幽默便是桥上行驶得最快的列车，它穿梭在此岸与彼岸之间，以最快捷的方式直抵人们的心灵，提升幽默的女人在人们心中的分量。

5. 巧借修辞提升幽默感

幽默能给别人带来快乐，更能让你在社交场合大受欢迎。生活中，幽默的男人很多，而幽默的女人却不多见。其实，女人幽默一点，会使自己成为社交圈中人们关注的焦点，变得与众不同，更加出色。幽默感虽然与一个人的天性有一定关系，但也是可以通过后天的学习培养的。

修辞方法是制造幽默的“酵母”，能收到语言风趣、语意深刻、引人发笑、振聋发聩的表达效果。巧用修辞方法制造幽默，通常有以下几种形式：

（1）巧借比喻

比喻在幽默中的巧用，可以起到表达具体、形象、生动的作用。比如俏皮话“阎王爷出告示——鬼话连篇”，“十五个吊桶打水——七上八下”；再如说有人欺软怕硬，就说“推不倒冬瓜拿茄子出气”，这些比喻听起来既形象又有趣。

智慧女人总是能善用修辞，借助幽默来达到自己的目的。

有一家广告公司和一家实力雄厚的媒体公司进行谈判，广告公司派出的谈判代表是部门经理小青。一个上午过去了，谈判没有任何进展，双方互相僵持着。

午宴时，小青决定说些轻松点的话，以缓解紧张的谈判气氛。她站起来，对双方的合作进行了一番令人叫绝的介绍：“我们两家公司，一家在海南，一家在湖南，可以说是‘南南合作’。各位知道，国际上的南南合作是世界经济发展的共同体。如果我们两家公司能合作，就是联谊发展的姊妹连体。现在，我可以告诉诸位，我们这种秦晋之好的合作将结出丰硕成果。今天正好是七月七，喜鹊已把天桥架通，愿我们天天都在七月七中度过。”

媒体公司的经理听了不禁拍手叫好，说道：“说得好，说得妙！就凭你这‘南南合作’‘姊妹连体’，咱们的事就不必再谈判了，我答应你提出的我们公司和你们公司合作的要求。”

小青巧妙地运用“南南合作”“姊妹连体”等比喻，生动地道出了两家公司联手合作的重要意义，并对发展前景作了生动的预测，寓意十分深刻。

（2）巧借双关

双关，即利用语音或语义上的联系，有意使某一词语牵涉两种事物，从而具有双重意义，造成一种言在此而意在彼或亦此亦彼的效果，活跃气氛，使对方心悦诚服地接受你的要求。

小张因为工作上的一些事情需要陈志帮忙，于是，她借星期天带着8岁的儿子捧着一盒包装精美的礼品登门拜访。临走时，她坚持要陈志留下礼物，说：“根号2啊，收下吧！”

“根号2？”陈志愣住了。

这时，小张8岁的儿子接着说：“妈妈说根号2等于1.41421……就是，意思意思而已啦！”

陈志听后不禁心领神会地笑了。

1.41421……与“意思意思而已”谐音，这是又转一道弯，幽默地表现说话者的内心想法。这样，在笑声中话语就更耐人寻味了，小张可谓是一个聪明的女人。

再如，遇到一些争辩时，智慧的女人也会机智地临时借助同音词的谐音关系，以双关影射之言暗示对方，迫使对方认错道歉，从而体面地结束无益的争论。

周末，刘女士和丈夫在一家饭店就餐时，发现汤里有一只苍蝇。刘女士的丈夫很生气，大声质问服务员："这一碗汤究竟是给苍蝇的还是给我们的？请解释！"服务员却说这种事不归自己负责。刘女士的丈夫怒道："不归你管？你去把你们的经理找来！"

经理来了，眼看一场晚餐要演变成一场争吵。刘女士先让丈夫消消气，对经理说："对不起，请您告诉我，我该怎样对这只苍蝇的侵权行为进行起诉呢？"

经理了解情况后，向他们赔礼道歉，并且让厨房为二人重新做了一碗汤。

一场可能发生的争吵被刘女士巧妙地化解了，她没有对经理纠缠不休，而是借用所谓苍蝇侵权的类比之言暗示对方——只要你道歉，我就饶恕你，从而幽默风趣而又得体地化解了双方的窘迫。

（3）巧借夸张

夸张是为达到某种表达需要，对事物的形象、特征、作用、程度等方面着意扩大或缩小的修辞方式。

有一期综艺节目，内容是人们"漫游"位于北极圈的加拿大。那里很寒冷，主持人夸张地说："是啊，我也听说那儿挺冷，说是有两位加拿大人在屋子外面说话，那天冷得出奇，话一说出口就冻成冰碴儿了，那听话的人赶快用手接住，进屋用火烤了下才听见对方说了些什么……"这一夸张的运用显得十分活泼、俏皮，观众顿时被逗得前仰后合。

修辞的艺术就是幽默的艺术，学会运用修辞为自己的语言着色，这样才更容易让人接受，更具说服力。

（4）仿拟

仿拟是故意模仿套用已有的固定语言形式来叙说新内容的一种表达方式，主要特点是套用现有的词、句、篇等语言形式来揭示所描述事物的内在矛盾，创造出新的意境。

苏轼有个姓刘的朋友，晚年因患病，鬓发、眉毛尽皆脱落，鼻梁也快要断了。一天，苏轼和朋友相聚饮酒，这位姓刘的朋友建议大家各引古人语相戏。苏轼对他说：“大风起兮眉飞扬，安得壮士兮守鼻梁？”满座大笑。

苏轼仿的是汉高祖刘邦《大风歌》“大风起兮云飞扬，威加海内兮归故乡，安得猛士兮守四方”的首尾两句，两相对照，趣味盎然。

（5）拟人

南唐时期，赋税繁重，民不聊生。恰逢京师大旱，烈祖李昇便问群臣：“外地都下了雨，为什么京城不下？”大臣申渐高说：“因为雨怕抽税，所以不敢入京城。”烈祖听后大笑，决定减轻赋税。

申渐高在回答中巧借话题，将“雨”拟人化，委婉地道出了“税收繁重，令人生畏”的意思，机智地劝谏烈祖采取减税措施，并取得了预期的效果。

人的幽默感是心智成熟、智能发达的标志，是对周围事物做趣味的理解，并对诸种问题采取富有趣味处理的方式。制造幽默的途径和手法还有很多，如果女人能花时间学习一下幽默的技巧，一定能够在人际交往沟通方面大有长进。

第四章

智言妙语定升迁

第一节　与同事相处的说话技巧

1. 办公室里说话要得体

俗话说，“一句话说得让人跳，一句话说得让人笑”。有的时候，虽然出于同样的目的，但表达方式不同，造成的后果也大不一样。那么，在办公室怎样说话才算得体呢？

（1）说话要有礼貌

语言是一门艺术。有礼貌地说话是沟通的基础，因为礼貌是对别人最起码的尊重。

一个海外客商来到某公司商谈合资办厂事宜，公司经理在会客室等候，并准备了烟茶水果。客商进入公司大门后，在门厅迎接他的秘书与客商握了握手，说：“我们经理在二楼会客室，他叫你去。”客商愣了一下：他叫我去？我又不是他的下属，凭什么叫我？于是他对秘书说道：“贵公司如有合作诚意，叫你们经理到我住的宾馆去谈吧。”说罢拂袖而去。

如果秘书不说“叫”，而说“请”，情况又会如何呢？仅仅是一字之差，效果却有天壤之别，怪只怪秘书说话不懂礼貌。“请”“谢谢”“对不起”这些词，都是最基本的礼貌用语。人在职场，更应该保持礼貌，否则就会像上例中的秘书那样闯下大祸。

（2）说话要有主见

通常老板都赏识那些有自己头脑和主见的职员，如果你经常别人说什么，自己也说什么的话，在办公室就很容易被忽视。所以，不管你在公司的职位如何，都应该发出自己的声音，说出自己的想法。

（3）少与同事辩论

在办公室与同事相处要友善，说话态度要和气，让人觉得有亲切感，即使是到了一定的级别，也不能用命令的口吻跟同事说话。

说话时，不能用手指着对方，这样会让人觉得没有礼貌，让人感觉受到了侮辱。虽然有时大家的意见无法统一，但是有意见可以保留，对于原则性不强的问题，没有必要争得你死我活。如果你口才很好，想要发挥自己的辩才，可以用在与客户的谈判上。在办公室一味好辩逞强，只会让同事对你敬而远之。久而久之，你就成了不受欢迎的人。

（4）不当众炫耀自己

也许你的专业技术过硬，是办公室里的红人，老板也非常赏识你，但这些就能够成为你炫耀的资本了吗？骄傲使人落后，谦虚使人进步。再有能耐，在职场中也应该小心谨慎，强中自有强中手，倘若哪天来了个更加能干的同事，你一定会马上成为别人的笑料。倘若哪天老板额外给了你一笔奖金，你更不能在办公室里炫耀，因为别人在恭喜你的同时，说不定也在嫉恨你呢！

（5）不在办公室吐苦水、互诉衷肠

有的人特别爱侃，性子又特别直，喜欢向别人倾吐自己的苦水。虽然这样的交谈能够很快拉近人与人之间的距离，使人们的关系变得友善、亲切起来。但心理学家经过调查研究后发现，事实上只有百分之一的人能够严守秘密。所以，当你的生活中出现个人危机，如失恋、婚变之类，最好不要在办公室里随便找人倾诉；当你的工作出现危机，如工作不顺利，对老板、同事有意见有看法，更不应该在办公室里向人袒露自己的心声。任何一个成熟的职场人士都不会这样“直率”的。自己的生活或工作有了问题，可以下班后找几个知心朋友聊一聊。

（6）不要经常与人耳语

耳语被视为不信任在场人士所采取的防范措施。因此，在大庭广众之下与同伴耳语是很不礼貌的事，会让周围的人认为你没有修养。

（7）不要滔滔不绝

说话滔滔不绝，不一定就是会说话。身处职场，和同事、领导之间难免有话要说，说什么，怎么说，什么话能说，什么话不能说，其中大有学问。

小何是一家公司人力资源部的档案管理员，薪水不低，工作也不忙。可是，她好像从来没有顺心的事情，没有顺心的时候。无论何时何地，只要和她在一起，都会听到她在喋喋不休地抱怨。高兴的事被她抛在了脑后，不顺心的事总被她挂在嘴边。而且，每当她和别人谈论起自己的不快乐时，就会不断地重复自己的观点，以吸引别人的注意，直至这种方式成为一种习惯。

（8）不要说长道短

在办公场所说长道短，揭人隐私，必会惹人反感，让人对你敬而远之。

（9）不要木讷肃然

如果你整天面对同事如同面对初识的陌生人，坐在座位上闭口不语，一脸肃穆的表情，那你就会使同事感到你木讷肃然，难以接受，你也得不到大家的欢迎。你可以在工作间隙与同事交谈几句无关紧要的话以打破冷淡场面，活跃一下气氛，增进自己与同事的关系。

（10）不要忸怩忐忑

假如你发现有人在注视你——特别是男士，要表现得从容镇静。若对方曾与你有过一面之缘，可以很自然地打个招呼。若对方与你素不相识，也不必忸怩忐忑或怒视对方，可以巧妙地避开他的视线范围，同时适当地运用肢体语言。

总之，说话要分场合，要看“人头”，要有分寸，最关键的是要得体。不卑不亢的说话态度，优雅的肢体语言，活泼俏皮的幽默语言……这些都属于语言的艺术。当然，拥有一份自信更为重要。懂得语言的艺术，恰恰能够帮助你更加自信。得体、娴熟地使用这些语言艺术，你的职场生涯会更成功！

2. 与同事交谈的法则与分寸

同事是与你在同一单位一起工作、共事的人。在工作中与同事同心协力，更容易获得工作和事业的成功。

与同事之间要想建立融洽的人际关系，必须经常沟通，而且语言要得体恰当。许多争吵之所以发生在平时关系比较好的同事之间，大部分原因就是一方说话不讲究艺术，使对方产生误解，以致造成彼此间的隔阂。

那么，同事之间如何沟通才比较恰当呢？

（1）注意对方的年龄

与同事沟通时，一定要注意对方的年龄。对于年长的同事，最好谦虚一些，不要嘲笑其“老生常谈”“老掉牙了”，而应保持尊重的态度。即使你认为对方的看法不正确，也要耐心倾听，而后提出自己的意见。

对于与自己年龄相仿的同事，态度可随便一些，但也要注意分寸，不能出言不逊，伤人自尊。与自己年龄相仿的异性同事开玩笑时，要注意不能乱开玩笑，也不能态度暧昧，以免引起不必要的麻烦。

对于年龄比自己小的同事，应保持慎重、深沉的态度。年龄较小的同事，思想可能比较冒进或知识经验不足，与他们交谈时，不要随声附和，降低自己的身份。但也不要夸夸其谈，卖弄经验，在自己的知识范围外信口开河，否则一旦被对方发现，就会降低对方对你的信任与尊重。

（2）注意对方的性别特征

性别不同时，交谈方式也应有所差异。同性的同事之间谈话，可适当随便些，而对于异性同事，谈话应特别当心。比如，对方是男同事，且身材肥胖，你不能叫对方“胖子”或“肥仔”之类的，否则可能会伤害对方的自尊心。

与男同事讲话，态度要庄重大方、温和端庄，不可搔首弄姿，过于轻佻。很多男同事都喜欢在女同事面前夸夸其谈，夸耀自己，让听者感到惊讶与钦佩。这时，你只需当一个听话者，不要总想找机会打岔，纠正对方的错误。不过，如果对方的言谈真的让你难以忍受，可以巧妙地打断他的话，或直截了当地告诉他：“对不起，我还有事！”

（3）注意对方的地位

与地位比自己高的人谈话，常会让人产生自卑感。有的人为了摆脱这种情况，采取了相反的做法，即对上级说话高声快语，显得十分无礼。这两种态度都要不得。

与比自己地位高的同事交谈，不论他是不是你的顶头上司，都要采取尊敬的态度，但也必须保持自己的独立思想，不做应声虫，让对方认为你唯唯诺诺，缺乏主见。

与地位比自己低的同事交谈，千万不要趾高气扬，而应和蔼可亲、庄重有礼，避免用高高在上的态度说话。对于对方的成绩，应加以肯定和赞美，但也不要显得过于亲密，以致让对方太放纵；也不要经常以教训的口气滔滔不绝地说个没完，让对方感到厌烦。

（4）注意对方的语言习惯

全国各地都有很多方言。不同地域的人们，对方言的理解也有差异。而一个规模较大的单位，通常会有来自全国各地的同事。有时你认为很合适的语言，在不是同乡的同事听来，就可能很刺耳，甚至认为你是在侮辱他。

比如：北方称老年男子为“老先生”，但在上海嘉定人听来，就会认为这是在侮辱他；安徽人称朋友的母亲为“老太婆”，是尊敬她，而在浙江称呼对方“老太婆”简直就是在侮辱骂人了。

所以，在与同事交谈时必须留心对方的忌讳话，否则就可能伤害同事之间的感情。

（5）考虑对方的心情

与同事谈话时，还要注意时机。比如，对方正忙得焦头烂额时，不要打扰他；对方正焦急时，不要找他闲聊；对方正处于悲痛中时，应选择合适的话题。如果不分场合地扰乱对方，可能会碰一鼻子灰。

同事的心情不同时，也要有针对性地选择不同的话题。比如：同事得意时，应与他谈谈他得意的事；同事失意时，应适时给予安慰，和他谈谈你自己的失意事。如果你和失意的同事大谈自己的得意事，不仅显得你不知趣，还会让对方认为你是在嘲笑他，破坏你们之间的感情。而和得意的人谈你的失意，对方可能认为你是故意扫他的兴，甚至认为你嫉妒他。

（6）不能得理不饶人

职场中，有的人喜欢说别人的笑话，占人家的便宜，虽是彼此间开玩笑，也绝不肯以自己吃亏而告终；有些人喜欢争辩，有理要争理，没理也要争三分；有的人不论国家大事还是日常生活小事，一见对方言语有破绽，就死死抓住不放，非要让对方败下阵来不可；有的人对本来就争不清的问题，也想要争个水落石出；有的人常常主动出击，人家不说他，他总是先说人家……

如果你是一位嘴巴不肯饶人的人，与同事交谈时一定要克制自己，不要总想在嘴巴上占便宜，否则同事会逐渐疏远你。

（7）不要刨根究底

有的人对什么都感到新鲜、好奇，喜欢刨根究底。这固然是一种好品质，问题是不分场合、对象和环境，毫无选择、毫无顾忌地东扯西拉、疑问连篇就让人讨厌了。因此，与同事交谈时，不要去询问他的私生活，能说的他自己会说，不能说的就别去追问。每个人都有自己的秘密。有时同事不小心把心中的秘密说漏了嘴，对此，你不要去探听，不要去问个究竟。否则，即使你什么目的也没有，同事也会忌讳你几分。从某种意义上说，爱探听别人的私事，是一种不道德的行为。

只要你平时注意了以上问题，相信一定能密切你与同事间的关系。

3. 对同事说“不”的艺术

身处职场，我们经常会遇到这样的问题：一位同事突然开口，让你帮他完成一项难度很高的工作任务。答应吧，可能要加好几次班才能完成，而且这也不符合公司的规定；拒绝吧，面子上实在过不去，毕竟是多年的同事。

婷婷是一家会计师事务所的会计，也是单位里出了名的“老好人”。同事倘若有事相求，只要开口她一定会答应。会计师的工作压力与强度并不低，婷婷助人为乐的行为，为她赢得了极佳的口碑，但也给她带来了很大的麻烦。为了赶工作进度，她常常加班加点。查点账务需要精密计算，稍有疏忽便会前功尽弃，身心疲惫的她难免会出错，而且一错再错。

这样的日子让婷婷吃尽了苦头，她也想过拒绝同事的请求，但总是说不出那个“不”字，每次话到嘴边又被她硬生生地咽回肚子里。

的确，拒绝别人不是一件容易的事。但是，当你面对主管、同事与客户的过多要求而不得不超负荷工作时，必须学会拒绝。

（1）先倾听，再说“不”

当同事向你提出要求时，他心中通常也会有某些困扰或担忧，担心你会不会马上拒绝，会不会给他脸色看。因此，在你决定拒绝之前，首先要注意倾听同事的诉说。比较好的办法是，请对方将其处境与需要讲得清楚一些，你才知道如何帮他。

说起来，女人拒绝别人有一种先天的优势，因为女人喜欢倾听。倾听能够让对方产生被尊重的感觉，这样当你说“不”的时候，也不会让对方觉得你是在应付他，能避免使用会“惹恼”他的话。而且，你也必须在拒绝前弄清楚对方要求的是不是你分内的工作，甚至是包含在你目前重点工作范围外的事情。这时在兼顾当前工作的原则下，牺牲一点时间来协助对方，对自己的工作绝对有帮助，也有助于提升你的能力与经验。

在拒绝之前倾听同事的诉说还有一个好处：或许听了同事的陈述，你能够针对他的情况，建议他如何获得适当的支持。如果你能够提出有效的建议或替代方案，对方或许会在你的指引下事半功倍。

（2）拒绝时不能太直白

温和地响应总是比情绪化地过度反应要好。情绪是具有感染性的，“不”这个回答，通常会引发他人强烈的负面感受。所以，当你必须拒绝同事时，就不要再以不友善的言行，在情绪上火上浇油。

例如，当对方的要求不符合公司或部门规定时，你要委婉地让他知道你的工作权限，并暗示如果你帮了这个忙，就超出了你的工作范围，违反了公司的有关规定。在你的工作已经排满而爱莫能助的前提下，要让他清楚你工作的先后顺序，并暗示他如果你帮他这个忙，会耽误自己正在进行的工作，对公司和自己产生较大的冲击。一般来说，同事听你这么说，一定会知难而退，再想其他办法。

（3）以对方的利益为理由

在拒绝对方时，从对方的利益考虑，以对方的切身利益为借口，往往更容易说服对方。

对同事说明，你之所以拒绝，并非不肯帮忙，而是为了他的利益着想。比如，同事要求你在一个不合理的期限内完成工作，与其说你如何不可能办到，不如说服对方，仓促行事对他而言并不好。比如：“你交代的工作，我不会这样马马虎虎、交差了事，但这么仓促，无法做出符合你期望的水平。”这样同事不仅不会怀疑你的意图，还会对你切实为他的利益着想而感激不已。

（4）关怀并提出建议

在拒绝的过程中，除了注重技巧，更需要发自内心地关怀对方。拒绝时可以提出替代建议，隔一段时间还要主动关心对方的情况。如果你敷衍了事，对方其实能感受得到。这样的话，会让对方觉得你不诚恳，对人际关系伤害更大。

最后，千万不要忘了温柔、诚恳地说声“真的很抱歉”。

4. 与同事相处的艺术

办公室是一个复杂的地方，什么样的同事都有，加上同事之间有某些利益的冲突，纷争自然就多，因此相处起来并不容易。但是，只要你懂得与同事相处的方圆艺术，在工作中巧妙地利用，就能正确处理好与同事间的各种关系。

（1）敏于事而慎于言

“敏于事”，对于一切应该做的事要敏捷——马上做；“慎于言”，即不能乱说话。该做的事，包括本职工作，也包括单位的一些日常工作，一些别人认为很不起眼的工作，却会成为领导和同事评判你的重要标准。在办公室做事，有时并不是只将本职工作做好了就行了，还要留心营造一种融洽的工作环境和气氛，赢得上上下下对你的一致好评，包括门卫说你彬彬有礼，传达室大爷说你平易近人、性格好。

当然，自己想要树立良好的口碑，还需要说话谨慎，该说的说，不该说的坚决不说。哪怕和别人坦言自己不能说的原因，也不能把不该说的话说出来。

（2）保持相互尊重的伙伴关系

同事是工作伙伴，不是生活伴侣，不可能要求他们像家人那样包容和体谅你。很多时候，同事之间最好保持平等、礼貌的伙伴关系，彼此心照不宣地遵守同一种“游戏规则”。

几乎所有女人天性都好打听别人的隐私，津津乐道地传播小道消息，并且无师自通地添油加醋。但在职场上，这是一定要克服的毛病。

每个人都有自己的隐私，都不希望自己的隐私被他人触及，不管这个人和自己关系多么亲密。越是亲密的人际关系，越是要尊重人的隐私。对于喜欢打听别人隐私的同事，要“有礼有节”，不想说的可以礼貌而坚决地说“不”，对有伤名誉的传言一定要表现出坚决的反对态度，同时注意言语要有风度。如果回答得巧妙，不仅不会伤害同事间的和气，又保护了自己不想谈论的隐私。保护隐私一是为了让自己不受伤害，二是为了更好地工作。当然也没必要草木皆兵，但凡工作之外的问题全部三缄其口，这样很容易让人以为你不近情理。有时不妨拿自己的私人小节自嘲一把，或者和大家一起开些关于自己的无伤大雅的玩笑，博得众人一乐，还会让人觉得你有气度、很亲切。

（3）不私下向上司争宠

女性一般比男性更喜欢争风吃醋。如果同事中有人喜好巴结上司，向上司争宠，肯定会让其他同事看不惯，从而影响同事之间的感情。如果你真的需要巴结上司，应尽量多邀几个人，一起去巴结上司，千万不要私下做一些见不得人的小动作，让同事怀疑你对友情的忠诚度，甚至怀疑你的人品有问题。以后同事再和你相处时，就会下意识地提防你，因为他们会担心自己平常对上司的抱怨会被你抖漏给上司，你借此而爬上领导岗位。一旦同事发现你出卖了他们，你们之间的友情便会宣告完结，就连其他想和你交朋友的人都不敢靠近你。因此，不私下向上司争宠，也是确保同事之间友谊长久的方式之一。

（4）低调展现自己

很多女性刚参加工作时，都想好好表现一番，所以在工作中处处争强好胜，急于把自己的能耐表现出来。其实，欲速则不达，处处锋芒毕露只会引起同事的反感。即便你再有能耐，在职场中也应该小心谨慎，帮助同事要有诚心，不要以强者的姿态出现，尤其是跟女同事说话时千万别显摆。

女人之间容易产生嫉妒心，如果你整天显摆自己比别人强，自己怎么风光，必然会成为众矢之的。当你开始显摆自己，并且表现得什么都懂、什么都行时，其他女同事心里会不舒服，但表面上还是奉迎你，使你感觉良好，洋洋自得，不知道自己正在给自己树敌，也正在亲手制造着自己背后的闲言碎语。

也许有人会问，既然不要显摆，保持低调是不是就对了？这也得分场合。在有强势女同事存在的地方，你表现弱势一点，会更容易跟她们打成一片；而在弱势的女同事中，你不一定非要和她们一样弱小才行，这就需要你根据实际情况调整自己的交往方式。

你也许会说，我不想这么圆滑。但职场人际关系是复杂的，如果你以单纯之心应对复杂之事，最后吃亏的只会是你自己。善于为人处世并不是圆滑的行为，而是女人在职场生存稍显成熟的表现。如果你以真心加上策略，相信你的职场人际关系会更加融洽。

（5）不疾恶如仇

人分三六九等，每个人都有自己的活法和行事方式。或者你对某些同事的能力看不上，或者你对某些同事的为人处世方式看不惯，甚至有些同事的恶习令你无法与之相处，即使这样，你也大可不必疾恶如仇，对他大加鞭挞。谁又能保证自己一切都是正确的呢？如果你觉得某位同事值得你去帮助，就中肯地向他提出你的建议。如果你觉得某位同事不值得去沟通，大可不去管他，安心做好自己的事情就行。

所以，对于同事，合则相交，不合则可以不去理会，只专心做自己的事情就可以了，何必去管？出来混江湖的都有自己的活法，每个人都会为自己的行为承担最终的责任，你不必背后指责某某人，那样并不能显示你更高人一等。

（6）退一步海阔天空

同事，同事，要的就是相互合作，共同做事。而要合作愉快，贵在和善、真诚，如果双方始终心存芥蒂，又寸利不让，最终只会成事不足，败事有余。

小赵和小李在大学毕业后，被分到同一家单位的同一个科室。两年来，她们精诚协作，做了许多工作，是一对“黄金搭档”，领导对她们都很满意。不久前，单位公布了升职名单，其中有小李，却没有小赵。从平起平坐、不相上下的同事和搭档，到现在地位变迁，一个要服从另一个管理的上下级关系，实在令小赵心中愤愤难平。她越想越不服气，加上其他同事的同情和“关心”，她痛苦之余，不由对小李产生了一股明显的敌意。

小李对此并非毫不知情，但她没有在意小赵的敌视情绪，对同事的恭贺和夸赞也表现得极为冷淡，总是跟人说：“其实小赵的工作能力比我强，只是不善于表现自己，才让我得了这个便宜。”同时，她在工作中还像以前那样，什么事情都抢着干，还不时客气地问小赵是否需要帮忙。

所有这一切都令小赵十分感动，她终于明白领导为什么没有看上自己，也许就是因为自己没有小李的度量和胸怀！她满腔的愤慨和不平都渐渐消退了，内心终于得到了平衡。她和小李的关系又回到了当初的友好、和谐状态。

忍一时风平浪静，退一步海阔天空。宽容是一种博大而深邃的胸怀，是人类的高尚美德之一。凡事退一步想，你就会有更大的生存空间。

第二节 与上司沟通的语言艺术

1. 敢于说话拉近与上司的关系

有的女性或是清高，或是害羞，如果不是向领导交报告，她绝不会到领导的办公室去坐一坐，谈上几分钟；召开部门会议时，她总是坐在离领导最远的地方，既不提建设性意见，也不提批评意见，即使领导点名让她发言，她也是仓促地说了几句就结束发言了，木讷地附和别人；单位安排年终旅游时，尽管领导一再声明自己要跟大家一起尽情游乐，彼此放下职位等无形的约束，她仍显得拘谨或者清高，不想和领导同乘一只木排或橡皮艇。她总是和“群众”在一起，言谈之中似乎还非常鄙薄那种亲近领导、亲近权威的行为。然而，很不幸，这种人永远只能是领导印象中“朦朦胧胧说不出好坏”的基层员工。

人类社会有其基本的生存行为准则，如果你遵循它，就会得到快乐与成功；如果你违背了它，就会给自己带来烦恼和挫折。

那么，如何拉近与上司的关系呢？从说话的角度看，有以下一些方法：

（1）不懂就问，虚心请教

在和上司相处的过程中，要继承并发扬老祖宗留下的谦虚美德。当然，在竞争激烈的当今社会，我们也不提倡完全保持一团和气的君子之风，但至少你的谦逊可以向他人表明你的自知之明。在职场中学会尊重他人，向上司虚心请教和学习，可以让你在工作中得到更多的支持。

（2）时常表白忠诚

通常在公司里，上司会把你当成自己人，而且也希望你能对他忠诚，听他的指挥，拥护他。如果上司发现你和他不是一条心，甚至有背叛之心或是“墙头草，随风倒”的话，他就会对你产生强烈的反感，也会想办法尽快让你从他身边消失。所以，对上司表现出忠诚和义气，用行动来向他表示你的信赖，不但能够得到上司的尊重和赏识，而且也会在工作中得到上司的帮助。

（3）不与上司顶撞

人无完人，当你对上司进行批评的时候，首先要考虑上司的面子，不能让他下不了台。如果你和上司发生冲突，当着其他同事的面顶撞上司是最不明智的选择。你有很多方法可以告诉他，比如私下里晓之以理、动之以情，或者是旁敲侧击地进行劝解等，都可以帮助你有效地解决问题。

（4）小心对待上司的过失

上司不小心犯错的时候，你既不能冷眼旁观，更不能幸灾乐祸，这时就算你不能替他分忧解愁，也要帮助他分析事情的因果关系或者帮助他总结经验教训。如果你抱着看笑话或者嘲讽的心态，不但会把关系搞僵、激化矛盾，而且也不要指望上司会信任和重用你了。

小张是部门经理，因为办事不力，他受到了总经理的批评，总经理还扣发了他们部门全体员工一个月的奖金。

明明是小张办事失当，处罚却让大家来承担，这让同事们有些接受不了，一时间办公室里怨气冲天。看到小张的处境如此艰难，秘书小刘站出来对大家说："其实张经理在受到批评的时候，还为大家据理力争，要求总经理只处分他而不要扣大家的奖金。"大家听了，对小张的气也消了一半。

小刘接着说："张经理从总经理那里回来时很难过，表示下个月一定想办法，把大家的损失通过别的方法弥补回来。其实，这次失误除了张经理的责任外，身为下属，我们也有责任。我们应该体谅张经理的处境，齐心协力，把工作做得更好。"同事们听到这里，都不再抱怨小张了。

小张如释重负，心情豁然开朗。他很快推出了新的营销计划，和同事们一起讨论并认真执行。这个计划激发了同事们的工作热情，大家全力以赴地投入工作中，到下个月底时，圆满地完成了销售任务，重新拿回了部门奖金。

这件事也使小张对小刘另眼相看，后来更是对她委以重用。

常言道："人非圣贤，孰能无过。"上司也是人，决策必然也有失误的时候。退一步说，即使上司一贯正确，下属中也可能有人反对。这时，和上司对着干，无疑是掉进了晋升道路中难以自拔的陷阱。作为一名员工，当上司最需要员工支持和肯定的时候，你肯定他的成绩，支持他的决策，你们的关系就可以上升到一个新的高度。

（5）主动与上司沟通

不要因为担心身份地位上的差异，羞于向上司表达你的意见和看法。

有的人恃才傲物，认为领导“看不到”自己，是他的眼力有问题。其实，你可以利用各种适当的场合主动与上司沟通，拉近自己与上司的距离；或在适当场合成功解决一个问题，让你的才能在上司面前表现出来。

作为上司，每天要做的工作实在是太多了，因此，要想博得上司的青睐，首先要让他注意到你，然后通过沟通让他认可你。如果上司对你没有深刻的印象，就算你是个极为敬业的员工，也不可能得到晋升的机会。

（6）把握沟通的尺度

与上司进行沟通的时候，应尽量寻找轻松自然的话题，把握交谈的尺度。上司一般都欣赏有聪明才智的人。但是，如果你故意卖弄，会招来上司的讨厌。因此，与上司交谈的时候，你应该让上司充分发表意见，需要你补充的时候，再适当发表一下自己的见解，这样上司自然会认为你是个有才能、有见地的人。另外，交谈时不要故意在上司面前使用他不明白的专业名词，否则他会觉得你是在为难他，甚至让他觉得你的能力可能危及他的地位，从而对你产生防备心理。

（7）不要宣扬自己的功劳

当你在工作中立了功，切忌到处宣扬，尤其是当你决定将功劳和上司分享之后，否则你的辛苦工作就失去了意义。如果你认为既然让上司分享了自己的劳动成果就应该大肆宣扬的话，还是自己独享功劳比较妥当。否则，你既想讨好上司，又不愿意白白奉献，会让上司有被施舍和不尊重的感觉。即使要宣传，也应该是让上司来替你宣传，这样做可能让你觉得有点埋没自己的才华，但是会让上司和同事看到你的宽容与大度。

（8）赞美你的上司

人人都喜欢听到赞扬而不是批评的话，身为上司，更希望从别人的赞扬中得到对自己工作的肯定。赞扬不代表阿谀奉承、溜须拍马，看到别人的长处并加以表扬和赞美，是对他人的一种尊重和肯定。你的赞美不但可以满足上司的自尊心，还能赢得上司的好感与信任。当上司知道自己被下属所喜欢，那么他喜欢下属的感觉也会油然而生。这也是人际沟通中人与人相互愉悦的结果。

2. 一言定升迁的说话技巧

如果一个人想仅仅凭着熟练的技能和勤恳的工作就在职场中游刃有余，难免有些天真。俗话说得好，会干的不如会说的。虽然能力加勤奋很重要，但会说话的人，一句话便能让自己工作起来更轻松，还可能有助于加薪、升职。

下面介绍一些有助于你升职加薪的说话技巧：

（1）以最婉约的方式传递坏消息："我们似乎碰到了一些意外状况……"

当你得知一笔非常重要的业务出了问题，如果马上冲到上司的办公室里向上司报告这个坏消息，就算不关你的事，也会让上司质疑你处理危机的能力，弄不好还惹来一顿骂，把气出在你的头上。此时，你应该以不带情绪起伏的声调，从容不迫地说出这件事，"我们似乎碰到了一些意外状况……"千万别慌慌张张，也别使用"问题"或"麻烦"这一类字眼，要让上司觉得事情并非无法解决，而"我们"听起来像是你将与上司站在同一阵线并肩作战。

（2）责无旁贷地应答上司交代的工作："我马上处理。"

冷静、迅速地做出这样的回应，会让上司觉得你是一个工作讲究效率、处理问题果断，并且服从领导的好员工。若你采取犹豫不决的态度，只会让责任本就繁重的上司感到不快，认为你优柔寡断，下次重要的机会可能就轮不到你了。

（3）充分表现出团队精神："××的主意真不错！"

同事的创意或设计得到了上司的欣赏，虽然你心里为自己不成功的设计而难过，甚至有些妒忌同事，但你还是要在上司的听力范围内夸夸同事："小马的主意真不错。"

在明争暗斗的职场，善于欣赏别人，会让上司觉得你本性善良，富有团队精神，从而更加信任你。

（4）巧妙闪避你不知道的事："让我再认真地想一想，3点以前给您答复好吗？"

上司问了你某个与业务有关的问题，而你不知该如何作答，千万不能说"不知道"。本句型不仅可以暂时为你解危，也会让上司感觉你不轻率行事，是个三思而后行的人，即使一时不知该如何启齿，却愿意积极思考。不过，事后可得做足功课，按时交出你的答案。

（5）不着痕迹地减轻工作量："我了解这件事很重要。我们能不能先查一查手头的工作，排出个优先顺序？"

首先，强调你了解这项工作的重要性，然后请求上司指示，将这项工作与其他工作一起排出先后顺序，不露痕迹地让上司知道你的工作量其实很大，如果不是非你不可，有些事可交给其他人处理或延期处理。

（6）恰如其分地讨好："我很想知道您对某个方案的看法……"

有的时候，你与上司共处一室，不得不说点话来避免冷清尴尬的局面。这也是赢得上司青睐的绝佳时机，说些什么好呢？每天的例行公事，绝不适合在这个时候搬出来讲，谈天气也不会让上司对你留下印象。此时最恰当的莫过于谈一个与公司前景有关而又发人深省的话题，问一个上司关心又熟知的问题，在他滔滔不绝地诉说自己心得的时候，你不仅能获益良多，也会让他对你的求知上进之心刮目相看。

（7）承认疏失而不引起上司不满："是我一时疏忽，不过幸好……"

犯错在所难免，这时应勇于承认自己的过失，推卸责任只会让你错上加错。不过，你陈述自己过失的方式，却能影响上司对你的看法。推卸责任会让你看起来就像个软弱无能、不堪重用的人，但这并不表示你得因此向每个人道歉。诀窍在于不要将所有矛头都指向自己，应坦承却淡化自己的过失，转移众人的焦点。

（8）面对批评要表现冷静："谢谢您告诉我，我会仔细考虑您的建议。"

自己苦心费力得到的成果却遭人修正或批评，的确是一件令人苦恼的事。但面对批评或责难，不管自己有没有不当之处，都不要将不满写在脸上，要让上司知道，你已接收到他的信息，不卑不亢让你看起来既自信又稳重，让上司知道你并非一个刚愎自用或经不起挫折的人。

3. 用巧妙的批评来说服上司

说服的效果在任何时候都与上司对你的信任成正比关系，否则将适得其反。一个对公司有突出贡献、有很高忠诚度的员工，对公司的价值是有目共睹的，在这种情况下，对上司说一些批评性、建议性的话语，不会被认为是冒犯和无理。因此，当你觉得有必要给上司提建议的时候，一定要明白自己在上司心目中的地位。如果没有把握，千万不要冒险，以免得不偿失。以下是说服上司的三个要诀：

（1）留有余地，适可而止

当上司对某件事做出指示时，如果你面无惧色地拍案而起："经理，在我看来，这次的方案A会更好，因为……"起初上司或许会赞许地笑道："好一个敢说敢为的初生牛犊！"但如果你一而再再而三地这样做，不论你的见解多么有建设性，上司也会渐生厌烦："难道我竟不如你？"在依然视"上命下服"为美德的职场中，如何有技巧并有效地展现自我，需要不断地修炼，其中一个基本要诀便是学会放低姿态，认真倾听上司的意见。

没有人喜欢被批评，更何况是高高在上的上司。正如英国小说家、剧作家毛姆在《人性的枷锁》中所说：“身居高位之人，即使请你批评指正，他所真正要的还是赞美。”因为这是人性使然。因此，除非必要，对上司的批评不能作为常规手段使用，否则上司一定会发怒，再加上一句：到底是谁说了算？

放低姿态，不是让你消极地掩藏自己，对任何事都保持静默，而是要学会不把自己的意见强加给对方。只知道发表意见、不懂得倾听、过分热衷于解释的人，很难在职场中与别人建立起良好的人际关系。而放低姿态，不仅能替你减少许多不必要的争执，还能给别人留下神秘、深沉的印象，让上司产生更多想要接近了解你的欲望。

（2）兼顾上司的立场

小莉是一家知名网企的总经理助理，她的顶头上司王总是搞学术、技术出身的，其工作重心是研究技术开发，对企业管理一知半解。出于对技术的钟情与依恋，王总直接插手技术部门的事情，把管理的层级体系搞得乱七八糟，其他部门表面上敢怒不敢言，但私下里无不怨声载道，使小莉在与其他部门沟通协调时备感吃力。

经过思考，小莉决定采用兼顾策略，向王总建言。她对王总说，真正意义上的领导权威包含着技术权威和管理权威两个层面，王总的技术权威牢固树立，而管理权威则有些薄弱，亟待加强。王总听了若有所思。

后来，王总越来越多地把时间用在人事、营销、财务的管理上，使企业的不稳定因素得到控制，公司运营进入高速发展状态。小莉的各项工作也顺风顺水，渐入佳境。

上述事例启发职场女性：兼顾上司的立场，不失为向上司提意见的上等策略。首先，它没有排斥上司的观点，而是站在上司的立场，最终是为了维护上司的权威，出发点是善意的；其次，这种策略是一种温和的方式，能够充分照顾上司的自尊，易于为上司接受，效率较高；最后，它需要策略提出者有很强的综合能力，有很多的社会实践经验，并且能够针对不同情况，不断提出有效率的兼顾上司立场的意见。作为一名职场女性，如果能够在工作中以这种策略智慧地向上司提出自己的建议，就会得到上司的青睐和赏识，职位就能不断地得晋升。

（3）含蓄、幽默，不伤害上司的尊严，让他自己去认识并改正

有人说老板都是讲故事的高手，所以，在批评老板的时候，你也要学会讲故事。毕竟能成为你的老板，理解能力应该不会有很大的偏差。除了讲故事，用轻松幽默的话语来表达你的观点也是很有必要的。

一个月前，钱总承诺给全体员工加薪，但一个月过去了，钱总却没有兑现他的承诺。部门经理李昕为了给员工争取福利，这样对钱总说：“我们部门的张磊这两天神思恍惚，我问他是什么原因。他说自己手头只有4000元，而工资要过半个月才能发，但是现在他有三笔不菲的费用要付：一是交孩子的学费1000元，二是还房屋贷款2000元，三是妻子看中一款价值2000元的项链。按理说孩子学费和还房屋贷款是首要解决的问题，但张磊曾经向妻子许诺：到结婚10年时我给你买件你最想要的礼物。养家的男人真是不容易啊！”

听了李昕的一席话，钱总若有所思，最终给全体员工加了薪。

为了达到批评的目的，你要含蓄、幽默、机智，让老板自己顿悟。

向上司提意见，如果马上获得上司的认可，事情就很简单，但上司不认可的情况通常比较多。毕竟你提意见的对象是自己的上司，对于是否接受你的意见，他当然需要慎重考虑。“企望往高处爬的人，应该踩着谦虚的梯子。”这是莎士比亚的名言。想要使自己提出的意见得到上司的尊重和认可，最好把这句话牢记心头。

4. 善开“金口”谈加薪

对于加薪，大多数女性都羞于启齿，即便对自己的工资不满意，也不敢直接提出来。其实，提请加薪虽然是一着险棋，弄不好会被“扫地出门”或者被老板“另眼相看”，但是，如果你善开“金口”，向老板提出加薪也远没有想象的那么可怕。

小周到南方一家公司打工，本来和老板谈好过了试用期2个月就给涨工资。但是，3个月过去了，她的工资仍然没有任何变化。这天，她趁着给老板送材料的机会对老板说：“老板，有件事我一直想问您一下。”老板说：“有什么话，你尽管说。”她说：“我发现自己的工资跟试用期一样，没有任何变化，是不是我的试用期已过而正式聘用的相关手续还没有办妥？”其实，她知道人事部门已经给她办好了手续。老板听后没有什么特别的反应，只是认真地回答说会帮她问一下。

第二天，老板找到小周，对她说：“真是不好意思，其实你的工资前几个月就应该加上去了，只是财务那里一时没办好手续。以后有什么事如果我忘了，你可以提醒我一下，不要有什么顾虑，按劳分配嘛！”

当你明明可以加薪，老板却没有给你加薪，这时不管是老板一时疏忽忘记了，还是他故意忘记，你都不妨为老板找一个台阶，让他既有机会又有面子地给你加薪。

当然，成功说服老板为你加薪，还要注意以下几个方面：

（1）要有理有据

说服老板给你加薪确实不是一件易事，万一处理不好，就有可能破坏你在老板心中的良好形象，影响日后的工作。

因此，当你开口向老板要求加薪时，最好先想好谈话的要点，然后有理有据地向老板展开陈述。当老板意识到给你加薪有百利而无一害，甚至还能憧憬到不久就能收获滚滚财源时，你的目的才能达到。

（2）选择适当的时机

如果你选择公司正遇到麻烦、老板心情郁闷的时候提出加薪，结果可想而知。最好的时机是当老板沉浸在成功的喜悦中，或是他的家人有什么喜事而使他轻松愉快的时候，他会比较容易接受。

另外，你还要了解公司的加薪时间。大多数公司是从第四季度开始做下一年预算的，因此会在第二年的年初给业绩突出的员工加薪。但不管是什么公司，一般不会在年终加薪，所以在年终向老板提出加薪不是明智的决定。根据经验，夏天也不是提出加薪的好时机。如果在春天没有获得加薪，在接下来的时间里就要努力工作，取得理想业绩，这样到了秋天就可以顺理成章地提出加薪要求了。

（3）静听老板不为你加薪的理由

当你提出加薪要求而老板没有同意的时候，老板肯定会解释暂时不给你加薪的理由。这时，你要心平气和地倾听，然后寻找突破口。切忌表现出不高兴的样子，或者闹情绪，甚至与老板发生争执，一味坚持应该为自己加薪的理由，这样做效果只会适得其反。

（4）托人“传话”

作为一般员工，你也许不会有太多的机会直接和老板打交道，但部门经理会对你了解得更多一些，而部门经理则是老板经常要召集开会的人之一。除此之外，老板身边也有比较亲近的人，通过他们向老板转达你的加薪要求，有时比你直接开口效果更好。当然，你得把握好一个“度”，即能替你传话的人一定是了解你、理解你、同情你的人，这样他在传话的过程中就能把话说得婉转些、圆满些。即使遭到老板的拒绝，你面子上也不至于太尴尬，因为你毕竟没和老板“正面交锋”。

只要你认为加薪是合理的，你就有权提出，但提出加薪时最好巧妙地、有技巧地和老板交流自己的想法，这样就算你的要求不被老板接纳，也不会让双方感到难堪，影响日后的工作开展。

5. 不说替上司做决定的话

职场中，有的女性因为能力比较强，处处自以为是，即便在上司面前也不懂得收敛。比如，她会说："由于季节的原因，我决定将咱们的那批货降价促销。"如果你是上司，听了这话会有什么感觉？不能否认，有的女性确实能力非凡，可以独当一面，但是她说话的口气和方式却犯了上司的大忌。上司或许能接受下属的意见，但绝对不容许下属替他做决定。下属的越俎代庖，会让他觉得下属是自作聪明，对他不够尊重。因此，聪明的女人都懂得，对上司可以献策，而不是决策。

小兰年轻而富有活力，做事认真、灵活，进入公司不到两年，她就成了公司的骨干人物，是部门里最有希望晋升的员工。一天，经理把小兰叫去，对她说："你进入公司时间虽然不算长，但经验丰富，能力又强，公司现在马上要开展一个新项目，就交给你负责吧！"

受到公司的重用，小兰十分高兴。恰好这天她要带几个人到附近的城市出差，她考虑到好几个人坐公交车不方便，人也受累，会影响谈判效果，打车的话，一辆人又坐不下，两辆费用又太高，最终觉得还是包一辆面包车比较好，经济又实惠。

小兰拿定主意后，并没有急于去实施，而是来到经理办公室。"经理，您看，我们今天要出差，这是我做的工作计划。"小兰把几种方案的利弊向老板分析了一番，接着说，"我决定包一辆车去！"汇报完毕后，小兰满心欢喜地等着经理的赞赏。

不料经理却板着脸，生硬地说："是吗？可我认为这个方案不太好，你们还是买票坐长途车去吧！"小兰愣住了，她万万没有想到，经理竟然不同意她这样一个合情合理的建议。事后，小兰大惑不解："没理由呀，只要有点脑子的人都能看出来我的方案是多么的正确。"

其实，问题就出在"我决定包一辆车去"这句自作主张的话上面。在上司面前，说"我决定如何"是最犯忌讳的。如果小兰换一种方式说："经理，现在我们有三个选择，各有利弊。我个人认为包车比较可行，但我做不了主。您经验丰富，帮我做个决定行吗？"听到这样的话，经理绝对会做个顺水人情，答应她的请求。

上司喜欢的是谦虚好学的下属，而不是自以为是、自作主张的人。聪明的你要学会把自己的想法以最佳的方式透露给上司，从主动的提议变成被动的接受。切忌急躁粗暴，多倾听、征询上司的意见和建议，少做一些不容辩驳的决定和争论，哪怕你是对的。即使对待能力不强的上司，同样要保持尊重，不擅自行动和做决定，否则你就有可能遭受上司的冷遇。

替上司做决定不行，越位行事更是大忌。这是职场的基本行事规则。

李小姐在一家跨国集团的分公司工作，经过几年的奋斗，她成了这家公司的公关部经理。有一次，集团的几位高层领导在香港举行宴会，李小姐也参加了。她自恃业绩突出，在宴会中大出风头，凌驾于分公司的总经理之上。总经理是一位性格宽厚的好好先生，倒也没有让她难堪。宴会当晚，李小姐周旋于宾客之间，确实令宴会的气氛活跃不少。到总公司的高层和主管分公司的总经理致辞时，李小姐在旁一一介绍他们出场。轮到介绍她的上司，即分公司的总经理时，她竟先说了一番感谢词，虽然只是三言两语，但已让集团的高层领导皱眉，因为她只是负责介绍上司出场，而没有独立发言权。

在宴会中，集团的高层领导主动与李小姐交谈了一番，发现她在提及公司事务时，常以个人主张发表看法，全然不提总经理的意见，让人感觉她才是这个分公司的总经理。

宴会结束后，分公司总经理被上级邀请去开会，询问他是否在坚守自己的职位，是否懒至由公关经理代为处理日常业务。后来，李小姐因越位而被总经理找借口炒了鱿鱼。

在一个团队中，每个人都有属于自己的位置。作为一名职场女性，即便职场得意也不可忘形，把手伸到别人的地盘上，擅自替他做决定，否则难免会引起上司的戒备、同事的排挤。

知道什么事情该做，什么事情不该做，是一种智慧，更是一种气度。对于超出自己工作范围的工作，即使自己能力足够，也不要插手，如此才能不越位、不越权，走出一条平稳的职业发展之路。

6. 巧妙拒绝暧昧行为

身处职场，女性职员和男上司接触的机会很多。如果你聪明、能干、敬业，深得男上司的赏识，这自然是件好事。可是，男女之间的关系毕竟是微妙的，尤其是男上司向你发来暧昧信息的时候，你该怎么做呢？俗话说："爱美之心，人皆有之。"你年轻漂亮，别人想跟你亲近，不能一概斥之为"好色之徒"，不妨给他戴一顶高帽子，迫使其打消邪念。

小露相貌出众，在一家公司负责产品销售的策划工作。有一次，她和某公司经理谈判后，经理悄悄邀请她："露小姐，晚上陪我吃个夜宵好吗？"小露不得不按时赴约。见面后，该经理喜出望外，情意绵绵。两人边吃边谈。

小露竭力向经理劝酒，滔滔不绝地向他介绍自己公司的发展计划，并不时赞扬这位经理，称他是一位有修养、有气质、讲信用、受人尊敬的现代企业家。经理颇为得意，故作谦虚："你过奖了。"最后以两人共舞一曲而告终。

临别时，该经理握住小露的手，郑重地对她说："你是个自尊自爱的女子！我心里会永远记住你这个完美的女孩形象的。"

我们再来看另外一个例子：

小舒在一家医药公司做销售代理。她不仅长得也漂亮，而且聪明能干，销售业绩节节攀升，因此大受顶头上司、销售部经理周鹏的青睐。

有一次，小舒遇到一个要求苛刻的大客户。谈判的时候，由于对方压价太狠，使得谈判一下子陷入了僵局。小舒的性格是绝不轻言放弃，中午休息的时候，她一遍又一遍地研究对方的资料，挖掘对方的弱点，用自己的认真和敬业来感化对方。花了整整一周的时间，她终于和这位客户达成了协议，拿到了一个数额巨大的订单。

下午下班的时候，周鹏找到小舒，说要庆贺她的成功，请她吃晚饭。小舒内心充满了谈判成功的喜悦，也就一扫往日的矜持，毫不犹豫地答应了。她本来以为周鹏还邀请了其他同事，吃饭的时候才发现就他们两个人。小舒有点尴尬，但也没有多想，两人聊了很多。她第一次发现经理是个非常幽默的人，总能把她逗得大笑不已。吃完饭后，周鹏说天还早，邀她去跳舞。小舒推辞了一下，也就答应了。那个晚上，他们玩得很愉快。

后来，周鹏经常请小舒吃饭，泡酒吧，打保龄球、桌球、壁球，多半是借口庆祝小舒的出色表现和业绩。有时小舒并不想去，但看到周鹏那诚恳的眼神，又想想他是自己的上司，便不好意思拒绝。而周鹏每次出差都为她带回些别致的小礼物，这些当然逃不过外人的眼睛。时间长了，小舒发现背后有人对她指指点点，私下里议论她和周鹏之间的关系不简单。其中不乏对小舒的出色表现心怀妒忌者。

周鹏知道后报之以淡淡一笑，但小舒却苦恼不已，与小舒相恋两年的男友听到传闻后也对她怀疑不已。加上小舒由于工作忙，经常不得不推掉与男友的约会，男友揣测好强的小舒一定是利用了上司才做出那么骄人的成绩，任凭她怎么解释也没有用。两人为此大吵了一架，最终不欢而散。

类似的事情在职场中屡见不鲜，面对男上司带点暧昧的行为，比如单独送你礼物，邀你吃饭、跳舞，即使他没有非分之想，也要小心一些，因为这往往是以后你们关系的前奏。

办公室不相信爱情，别盲目地去爱别人，而应先周全自己，把自己的职责任务理清楚，再充分利用8小时以外的时间。爱情是一场战争，你可以付出你的心、你的身体，但是请先把你的工作保留到底。

对于上司对自己表现出的暧昧行为，性格刚烈女子选择了言词拒绝，结果丢了饭碗；而有的女子考虑到工作及其他因素，只能忍气吞声，沉默应对，但这只会助长那些“色狼”上司的嚣张气焰，最后把自己弄得痛苦不堪，得不偿失。

自古就有“英雄难过美人关”之说，女人长得漂亮绝对不是自己的错误，但作为漂亮的女人，在职场中一定要多留点心。

（1）从自身做起，举止端庄，避免造成不必要的误会

男人都是视觉动物，如果你浓妆艳抹，穿着暴露，很容易让男上司觉得你刻意打扮是为了诱惑他，从而对你产生非分之想。特别是当你在晚上赴男上司之约时，在温馨、柔和的晚餐中，散开的蓬松长发虽然能展现你的女性魅力，却会令男性心荡神摇，难以把握自己。

（2）进入男上司的办公室后，不要随手关门

当你有事情向男上司汇报，或者男上司找你有事，进入男上司的办公室后应该让门敞着。这样，即使你在他的办公室时间待得再久，也不会引起同事的猜疑。最主要的是开着门，男上司也不能对你做出什么出格的动作或者说出格的话。如果你每次进入男上司的办公室都关着门，时间久了，同事就会盯着那扇紧闭的门产生联想，接着就会风言风语地议论你。

（3）与男上司一起吃饭，不要贪杯

女人大多不胜酒力，当男上司邀你一起吃饭，或者赴有上司在场的宴会时，千万不要贪杯，因为酒精最容易错乱人的神经，使人做出荒唐的事情。喝多了，可能你的言行就会出轨，发生一些本不该发生的事情。

（4）男上司出差回来，看情况接受他带来的礼物

上司经常出差，回来时给下属带点礼物也很正常。不过，你不要来者不拒，如果大家见者有份，自然可以接受。如果是平常就对自己有所企图的男上司，又在比较暧昧的状态下送给你特别的礼物，一定要婉言谢绝。

（5）赴男上司的约会，要在适当的时候告辞

如果男上司借口你工作出色，要请你吃饭或者跳舞，你在赴约的时候，一定要掌握一个原则——主要的话题是工作，与工作之外的话题尽量少谈。谈完工作以后，可以稍坐一会儿，然后礼貌地告辞。

（6）掌握拒绝的艺术

面对男上司的好色行为，该拒绝的时候一定要拒绝。当然，拒绝时要委婉一点，给他留点面子。比如，你可以找借口说，今天我身体不舒服，或者说自己已经约了朋友。如果你实在没有勇气拒绝他的邀请，可以拉上朋友或同事一起去。你也可以坦诚地和他谈一谈，说说这件事带给你的烦恼。如果他对你真的没有非分之想，相信他会理解你，并为你考虑。如果他的确对你心怀不轨，那就更应该义正词严地拒绝，千万不能为此既丢了工作又丢了名誉。

第三节　与下属交谈的窍门

1. 妥善处理与下属的关系

很多管理者经常抱怨：为什么我的下属永远不能和我步调一致？其实，没有带不好的兵，只有带不好兵的将军。当你学会处理与下属的关系，使下属在自己的领导下认真地工作，快乐地工作，杰出地工作，你也能享受到当领导的幸福，并且有一种成就感。

那么，作为女上司，要想与下属处好关系，应注意哪些事项呢？

（1）对不服管的男性下属不必优礼有加

每一个成功的职业女性，都面临着多方面的压力，除了性别歧视外，还面临着男性下属不愿服从的麻烦。作为女上司，你若对他用软，苦口婆心地劝说他，他就会看扁你。因此，对待这类男性下属，没有必要优礼有加、处处谦让，而应拿出上司的权威，让他感到你不是吃素的。当然，恩威并施是最有效的，只不过这种恩要建立在威的基础上，对女性来说更应如此。

（2）重视自己的职业形象

在一般人的观念中，女性主管给人的印象是胆量不够、眼光短浅、依赖性强。你首先要做的事，就是叫男友不要在你上班时打电话，也不要让男友到公司来接你，更不要在众人面前在电话里跟他撒娇，这样才能显示出你的工作责任心及起码的独立能力。

（3）培养自己的独立性

如果说在私下交往中你还可以得到男人的关心爱护的话，那么，在工作中你很难得到男同事的礼遇。如果你精明能干，男同事反而会有受威胁的感觉，否则他又会认为你能力平平，不会尊重你。因此，女人在工作场合尽管能得到男人口头上的诸多关照，但一到实际情形，没有谁会真心帮助你，唯一能依靠的只有你自己。

（4）做到公私分明

照章办事，公私分明，这本是工作中的基本常识，但要在工作中严格照章办事并不容易。有些人会钻人情空子，不按常规办事，男人做这些勾当时，往往会设下爱情或友情陷阱，诱骗女同事往里钻。当女性迷迷糊糊尚不清醒时，就会在不知不觉中成为男人的利用工具。因此，当你与男同事有了办公室友情或恋情时，对于涉及公司的事情应当理性对待，不要违反公司的规定。

（5）不要伤害男下属的自尊心

这不是要你向男下属拍马屁，但你一定要明白，男人总是自信天下第一、无所不知、无所不能，而男人的这种自尊心实际上非常脆弱，一旦遇到女人威胁到他的地位时，便会产生抗拒心理。所以，你一定要避免伤害男下属的自尊心。

（6）征求男下属的意见

征求男下属的意见也是一种赞赏，因为这表示你重视他的见解和经验，令他觉得自己存在的重要性。但你在征求他的意见时，不要让他觉得你事无大小都要过问一番，这样会让他觉得你根本没有判断力，不懂得抉择。

征求男下属的意见时应注意：

第一，在公司不宜和男下属商量纯私人问题，如家庭、丈夫、男友的问题等，尽管你和他私交不错，也要等下班后再谈。

第二，如果你想买汽车、投资股票或购买房子，又知道他在这方面有研究，可以在轻松的环境下（如午饭、下班后）向他讨教，这会让他觉得你有眼光而对你友善一些，以后也会主动向你提意见。

第三，对于纯属公事性的问题，可以在上班时随时提出，用不着不好意思。

（7）提防下属有意“忘记告诉你”

在职场竞争中，有的人会不择手段地拆你的台。一种最常见的手段就是有意向你泄露假消息或提供假情报，令你在紧要关头措手不及。比如，你需要某些重要的资料才能完成一项决策，而拥有这些资料的下属却在有意无意间将重要部分“忘记告诉你”，以致你的计划难以完成，甚至因此做出错误的决策。

（8）不要在下属面前流眼泪

女性很容易用哭来获取自己想要的东西，但在工作中，这种女性化的情绪表现却是别人不能容忍的。虽然你这一哭可能会立刻得到别人的同情，但从长远来看，不但有损你的威严，也对你的职业前途有害。在有些情况下，男性员工能接受女人的眼泪，但领导者却绝对不能接受女人的眼泪。他会鄙视动不动就哭的女人，并以此断定这位女人不能成大事。所以，你一定要学会控制自己的眼泪。

（9）学会客观地接受批评

女人做事很容易主观化，受到别人批评时，很容易不经考虑便立刻为自己所做的事情做出辩护，找借口说明自己是对的。有时还会丧失客观的判断力，令人觉得你不能接受建设性的批评。所以，女人有必要不断提高自己客观的见解，学会接受批评。最好的方法是平心静气地听下属说完，分析之后，觉得是对的便先承认自己的过失，这样才会受人尊敬。

（10）妥善向下属布置工作

女性一得到提升，便觉得自己更应努力，很容易事无巨细一一过问而变得心力交瘁，精神不振。而且，如果你事无巨细，凡事统统包办代替，下属也会因此而事事依赖你，难以发挥集体的才能和团队的作用。要改变这种被动的状况，你必须学会妥善地向下属布置工作，明确哪些是该由你亲自做的，哪些是该由下属完成的。要相信下属并给下属以锻炼的机会。不要身为上司却仍然做着一般职员所做的工作，学着做一个领导，指导别人，从一个新的角度去开展工作。

2. 善于激励下属

美国历史上有一个年薪百万美元的管理人员，名叫史考伯，他是美国钢铁公司的总经理。记者曾经问他："您的老板为何愿意一年付给您超过100万的薪水呢？您到底有什么本事能拿到这么多的钱？"史考伯回答说："我对钢铁懂得不多，但我最大的本事是能让员工鼓舞起来。而鼓舞员工的最佳方法，就是表现出对他们真诚的赞赏和鼓励。”

说白了，史考伯就是凭着他会赞美激励他人而年薪超过100万的。有趣的是，史考伯到死也没有忘记赞美人。他在自己的墓志铭上写道：“这里躺着一个善于与那些比他更聪明的下属打交道的人。”

激励员工的学问博大精深，奥妙无穷。但无论怎样，领导者必须以真诚、公正为出发点，使用一些灵活的策略，才能使自己的管理工作产生锦上添花的效果。

有一家工厂，员工经常迟到，工厂老板想了很多办法，比如涨工资、发奖金、定制度、搞惩罚，但都不太管用。后来，他想出了一个绝妙的办法，那就是发奖状。

只要哪个员工准时上班，工厂老板就会到他的村里去，敲锣打鼓发奖状，把奖状送到员工家里，当着全村人的面，把奖状颁发给对方，还戴上大红花。能够得到老板的认可，并且老板亲自上门颁发奖状，这种荣誉感使得这位员工充满了干劲，也成了大家关注的明星人物。长此以往，这位员工就养成了准时上班的良好习惯，并且激励其他人也像他这样做。渐渐地，迟到的人越来越少，几乎所有员工都能做到准时上班了。

在点点滴滴的日常工作中，领导应尊重公司员工，真诚地关心他们，爱护他们，让他们时刻感受到领导的关怀。当然，由于领导公事繁忙，时间宝贵，与员工接触时间不多，这时纵使他有一颗充满爱的心，员工也无从知晓。为此，你不妨把自己的慈爱之心表现出来，给下属来点小恩小惠。

小恩小惠是一种变相的激励制度。千万不要以为小恩小惠是平庸领导的惯用伎俩，而你是有能力、有威望的领导，根本用不着来这套。可是，你敢保证让本公司员工在你和一个善于利用小恩小惠而笼络人心的平庸领导之间做选择，员工一定会选择你、拥护你吗？这可不见得。“维护好员工”需要依附于某种行为才能体现出来。你把爱心锁在“黑匣子”里，怎么能温暖员工的心，又怎么能够激励他们尽心尽力地为公司效力呢？

某公司财务部主管结算了一下上个月部门的招待费，发现还有1000多元没有用完，于是就告诉了刘经理。刘经理没有把这笔款扣留用做下个月的流动资金，而是拿这笔钱请手下员工大吃了一顿。虽然只是一顿饭，却大大增进了他与员工的感情。员工逢人便夸她有人情味，工作起来也非常卖力。

给下属来点小恩小惠，可谓小兵立大功，可以使下属感受到领导的关照、团队的温暖，更认识到自身的价值、自身的尊严。它能激发员工不断自我提升，积极主动地做好本职工作来回报领导的关爱。即使他能力有限，未必能取得多大的成绩，但做起事来始终是非常卖力的。

所以，作为领导，千万不要吝啬，有时这些费用需要你自己掏腰包，但该给员工花的也得花，不应在这种事情上斤斤计较。有些费用，如买杯饮料、赠送新年贺卡、为生病员工送上一束鲜花，或在员工生日时送上祝贺蛋糕等所需的费用，必须由你来付。如果你过于计较，并将这些费用转嫁给公司，你的下属迟早会发现这一点，并认为你不够真诚，这样你的心思可就白费了。因此，在钱的问题上做出一点牺牲是必要的，也是值得的。

3. 掌握批评之道

俗话说，男女有别，这意味着男人和女人在同样的情况下处理问题的方式应该有所不同。作为女上司，在批评下属的时候，这一点尤其值得注意。

美国著名企业家玛丽·凯在《用人之道》一书中提出了“女性化的批评之道”，这往往比单纯的批评能取得更好的效果，值得女性管理者借鉴。

玛丽·凯说：“绝不可只批评不表扬，这是我严格遵循的一个原则。你无论批评什么或者批评哪个下属，也得找点值得表扬的事情留在批评之后。这叫做‘先表扬，后批评，再表扬’。”

玛丽·凯道出了领导者批评下属时应遵循的一个普遍原则，那就是批评时要有所安慰、鼓励，以缓和紧张的气氛，平衡下属的心理，让下属更容易接受批评，保持其工作的积极性。这种批评方法，被称为“女性化的批评之道”。

批评下属，最重要的一点就是对事不对人，不要对下属的人格品性妄加评价，更不要做人身攻击。比如，“你的态度很不好，实在让人难以接受”“你的观点很不客观”等说法，不但于事无补，还会引起下属的反感与抗拒心理。如果不懂得把握批评的方式和尺度，批评偏激、过多、过重，还会让下属产生消极、反感心理，结果适得其反。

如果你能够以关爱的态度批评下属，帮助下属认识、改正错误，或者在批评过后再对其有所安慰、鼓励，特别是在一番严厉的批评之后安慰、鼓励下属，那么，这样的批评便容易为下属所接受，效果也会好得多。

比如，某员工有段时间出现迟到、早退的情况，你可以婉转地说：“这段时间你有时迟到、早退，是否有一些难言之隐呢？”“公司早有明文规定，你迟到、早退，对其他同事的工作有一定的影响，而且显得很不公平。”这样他自然会意识到自己的行为所带来的消极影响，也会明白你的一片苦心，即使他有困难，也会想办法克服，并努力工作。

当然，如果下属所犯的错误比较严重，或对自己的错误习焉不察，浑浑噩噩，进行严厉的批评也是必要的。这就像当头棒喝或猛击一掌，使其心灵受到震动，从而深刻反思自己的行为。但是，对这样的下属，待对方有所触动后，也需要给予必要的安慰和鼓励，并就自己言语的率直和态度的粗暴向对方道歉。因为一个人在犯了比较严重的错误而遭到上司严厉批评时，必然会灰心丧气，产生消极情绪，或者对上司的过火批评产生反感心理，难免会想：“在她手下，怕是别想再往上爬了！”此时，若能适时加上一两句安慰、鼓励性的话语，直接或间接地表示“我是看你有前途，才狠狠地骂你”之意，并就自己的态度道歉，对方必能深刻体会到你“爱之深，责之切”的良苦用心，从而在以后的工作中发愤图强。

某公司的一位女职员受不良风气影响，和同部门一位已婚男职员频繁约会，工作时也眉目传情，使双方的工作都受到了影响。有一次，这位女职员误把一笔钱打入了不相干者的账户，幸亏那个公司她还算熟悉，否则后果不堪设想。事后，经理把这位女职员叫到自己的办公室。

经理正襟危坐，面色严肃。女职员一进办公室就感到气氛不对，没敢吭声，只是低着头，故作平静。经理开口问道：“怎么会犯这样的错误？”

女职员连忙道歉说：“是我错了，险些给公司造成损失。对不起！”

经理却不买账，说：“我知道你错了，但错的恐怕不只是账吧？我问的是，是什么原因导致你犯了这样的错误？”

在长时间的沉默中，经理一直盯着女职员，女职员脸色红一阵白一阵，眼看就要哭出声来了。这时，经理厉声斥责道：“你的心思都放到哪里去了？工作时间不允许谈情说爱，你为何如此执迷不悟？我一直把你看作一个有出息的人，想不到你这样虚浮浅薄，这样没有价值！他有家室，你算是谁？告诉你，现在回头还来得及，如果你还不终止这场恋爱，除了丢人现眼，什么都得不到。”

女职员泪水夺眶而出……等她哭过以后，经理又温和地说：“请你原谅，我的话可能不够礼貌，但我也是出于无奈，担心你堕落到那步田地。我们都是女人，我不说你谁来说你？”说完，经理的眼睛也湿润了。

女职员终于领会了经理的真实用意，她一面接受批评，一面暗下决心洗刷掉自己的“浅薄”行为为自己带来的耻辱，毅然结束了与那个男同事的恋情。

上例中，经理的严厉批评是非常有必要的。但即使如此，她也没有抓住女职员汇款错误一事不放，而是着重谈论女职员恋爱的不当，使女职员明显感觉到上司的关心和爱护。“我们都是女人，我不说你谁来说你”这样的话，尤其令女职员感到亲近和温暖。加上经理话语之中有“我一直把你看作一个有出息的人”之类的话，就在批评中加上了肯定乃至表扬的内容。而且批评过后，经理又马上为自己的态度道歉，就使女职员没有什么不能接受的了，所以能够取得良好的效果。

这种“女性化的批评之道”，既批评了下属的缺点和错误，又肯定了下属的长处和成绩，安慰了下属的心灵，具有很强的辩证色彩，很能体现女性的温柔和体贴，更适用于女性。

第五章

储蓄人情巧“投资”

第一节 知人情、积人气

1. 办事要通晓人情世故

古人云："世事洞明皆学问，人情练达即文章。"生活中离不开"人情"二字，不懂、不察人情很难把事办好的。人情是微妙的，要想掌握人情世故，必须下功夫努力研究和读懂它，并在生活中活学活用，这样才能受人欢迎。

通晓人情，要有一种设身处地、将心比心的情感体验的态度。从正面讲，就是要"己欲立而立人，己欲达而达人"。就好像自己肚子饿了要吃饭，应该想到别人肚子也饿了，也要吃饭；自己身上冷了要穿衣，应想到别人也跟你一样。懂得了这些，就能"推食食人""解衣衣人"。

汉高祖刘邦就深知这一道理，所以他在韩信眼中是个通晓人情的人，并且使韩信因欠下他的人情债而不忍背叛。

汉王四年（前203年），韩信平定了齐国，向汉王刘邦上书："我愿暂代齐王。"刘邦大怒，但转而一想，自己现在身处困境，需要韩信的帮助，就说："要当王就当真王，你就当齐王吧，不用暂代了。"韩信的势力由此更加壮大。

齐国人蒯通知道楚汉相争的胜负取决于韩信，劝他说："相你的'面'，不过是个诸侯；相你的'背'，却是个大富大贵之人。当前，刘、项二王的命运都掌握在你手上，你不如两方都不帮，与他们三分天下。以你的才能，加上众多的兵力，还有强大的齐国，将来天下必定是你的。”

韩信说：“汉王待我恩泽深厚，他的车让我坐，他的衣服让我穿，他的饭给我吃。我听说，坐人家的车要分担人家的灾难，穿人家的衣服要思虑人家的忧患，吃人家的饭要誓死为人家效力。我与汉王感情深厚，怎能为个人利益而背信弃义？”

姑且不论刘邦后来为什么处死了韩信，但就人情世故而言，刘邦做得很成功，能让韩信在想到背叛时心中产生愧疚，不忍去做。

通晓人情从反面讲，就是要“己所不欲，勿施于人”。你爱面子，就别伤别人的面子；你要得到尊重，就不能不尊重别人。

曾国藩是清末的政治家，也经历了从不懂人情世故到精通人情世故的过程。

曾国藩刚当官的时候，是一个刚强、勇猛的斗士，处处表现出一种不畏强暴、英勇无畏的大丈夫气概。为了大清江山，为了拜相入阁，他敢于和各种势力做斗争。他尊奉孔孟之道，一心一意用儒家思想指导自己的行动，把“以天下为己任”“天行健，君子自强不息”当做入世拯世的指南。有一个故事表明了他早年为官的这种指导思想。

有一次，绿营兵在长沙火宫殿寻衅闹事，与曾国藩带领的湘勇打了起来。很明显，这是绿营兵有意挑起事端。曾国藩闻之大怒，欲整治绿营兵。属下劝他忍下这口气，但他不听，决意借此整顿这股歪风。

绿营归鲍起豹提督管制，曾国藩只是个帮办团练大臣，无权指挥绿营。绿营纪律松弛，战斗力不强，平时练兵三天打鱼两天晒网。

曾国藩早就看不惯绿营的行径，现在发生了这件事，他二话不说，举起了整顿的大刀，结果事态闹到了不可收拾的地步，他不但和鲍起豹不和，也得罪了长沙的官员。曾国藩一不做二不休，干脆连长沙官场一起整顿，最后他在长沙站不住脚，被逼到了衡阳。当他兵败岳阳及靖港惨败险些亡命湘江的消息传到长沙官场时，不少人为之快意。

不久，曾国藩又来到江西，他在江西仍采取在长沙官场那种直接的、以强对强的方法，利用鸦片事件，参劾了江西巡抚陈启迈。事后，陈启迈的巡抚一职虽然被罢免，但曾国藩也因此得罪了江西官场上上下下的官员，他的处境不但没有好转，反而越来越恶化。江西官场联合参劾曾国藩，使曾国藩在江西处处掣肘，无法立足。

正当曾国藩焦头烂额的时候，他的父亲去世了，他趁奔丧的机会逃离江西。回到家后，曾国藩开始反思自己历年来的作为，想到自己一心报效清王朝，而清王朝统治下的湘、赣官场却容不下自己。他对皇上忠心耿耿，却招来元老重臣的忌恨。对于这一切，他很困惑，很迷茫，想不通自己到底错在哪里。

想了一年后，曾国藩终于从老庄的思想里找到了答案，悟出了“大柔非柔，至刚无刚”的真谛，能克刚之柔，比刚更刚。其实，这个道理曾国藩早就懂得，只是他一贯奉行儒家思想，以刚克刚，把道家思想视为异途，男子汉大丈夫应建功立业，怎能学消极遁世的老庄思想呢？曾国藩悟出的不仅仅是“大柔非柔，至刚无刚”的道理，而且还悟出了一个新的思维方式，即孔孟和老庄并不对立，入世出世相辅相成，互为补充。这样既可建功立业，做出一番轰轰烈烈的事业，又可保持宁静谦退的心境。

同治元年（1862年）五月二十八日，曾国藩在给九弟和季弟的信中说：“近来见得天地之道，刚柔互用，不用偏废，太柔则靡，太刚则折。刚非暴虐之谓也，强娇而已；柔非卑弱之谓也，谦退而已。”从信中可以看出，曾国藩把儒家和道家思想融在一起，达到了一种做人的新境界。

这种开始通人情、懂世故的改变，为曾国藩后来的发展奠定了思想基础。守丧期满后，他奉命援浙，路经长沙，拜访左宗棠。他和左宗棠的关系在此之前并不和睦，若是以前，曾国藩会做出强硬的做法，但他这次没有强硬，在离左家较远的地方就下了轿，既不穿官服，也没带随从，徒步走向左家。左宗棠见状十分惊讶，当天两人聊得很投机。自此，左、曾关系又和好了。

明朝著名思想家、政治家吕坤说：“处人不可任己意，要悉人之情。处事不可任己见，要悉事之理。”会办事的第一要义就是通晓人情世故。

当然，我们应该正确区别通晓人情世故与世故圆滑。世故圆滑的人多表现为玩世不恭、逢场作戏、使手段、弄权术、八面玲珑、无视原则等。而通晓人情世故的智慧女人能充分了解人的本性、人性的弱点等，她们知道人们喜欢什么、厌恶什么，从而能扬长避短、恰如其分地处理好人际关系，也会在不损害他人利益的前提下成就己事。所以，无论在工作还是生活中，她们都能做到如鱼得水、游刃有余。

2. 主动帮助落魄的朋友

俗话说：“平时不烧香，临时抱佛脚。”你平常心中就没有佛祖，有事才来恳求，佛祖怎会当你的工具呢？所以我们求神，自应在平时烧香。而平时烧香，也表明自己别无希求，完全是出于敬意，而不是做交易；一旦有事，你去求它，它念在你平日烧香的热忱，也不忍拒绝。

人情上有这样一个规律：当一个人发迹以后，围绕他转的人前呼后拥。这时，其人际关系处于一个排斥状态，原来没有交往基础的是很难进入他的“圈子”的；当一个人尚未发达时，其人际关系处于吸纳状态，比较容易结成朋友关系。所以说，如果要烧香，就找些平常没人去的冷庙，不要只挑香火繁盛的热庙。热庙因为烧香的人太多，你去烧香，也不过是众香客之一，神对你不会有特别的好感。但冷庙就不一样了，同样烧一炷香，冷庙的神却认为这是天大的人情，日后你有事去求它，它自然会特别照应。如果有一天风水转变，冷庙成了热庙，神对你还是会特别看待，不把你当成趋炎附势之辈。交朋友也是一样，应主动结交落难英雄，多注重在普通人中发展人脉关系。

红顶商人胡雪岩高超的交际手腕和过人之处，便是“对事情看得透，眼光够长远，从不会轻忽小人物”。

胡雪岩结识王有龄的时候，王有龄贫穷落魄，虽然很有才华，也有雄心壮志，却连北上求官的路费也凑不出来，更别说拿钱去求官了。

胡雪岩“慧眼识英雄”，认定王有龄日后必然会出人头地，在官场上青云得志。于是，他以“四海之内皆兄弟”的江湖义气为名义，冒着被老板解雇的风险，挪用钱庄公款500两银子，资助素昧平生、贫穷失意的王有龄北上买官。为此，胡雪岩被钱庄辞退，丢了饭碗。

许多人都说胡雪岩是犯傻，但胡雪岩却相信自己的政治眼光绝对没有错，而且他深信，只要王有龄一得志，自然忘不了胡雪岩的恩情。

后来，王有龄果然出任官职，做了杭州巡抚。王有龄是一介文人，不懂经商之道，要搞好杭州的经济，必然要求助于他人。胡雪岩是他的大恩人，于是，胡雪岩顺理成章地进入杭州府，成了王有龄的幕僚。在王有龄的庇护下，胡雪岩在商场上如鱼得水，游刃有余。

如果胡雪岩不是提前介入这种关系，而是在王有龄成为浙江巡抚后再去结交，能与其成为莫逆之交吗？

现实中，有的人能力虽然平庸，然而风云际会，也许有朝一日也会成为明运通达的人物。人在得意的时候，对一切就看得很平常、很容易，这是因为自负的缘故。如果你的境遇地位跟他相差不多，交往当然无所谓得失。但如果你的境遇地位不及他，往来多时，反而会有趋炎附势的错觉。即使你极力结纳，多方效劳，在对方看来也很平常，彼此感情不会有多少增进。而当对方转入逆境，以前好友，反目若不相识；以前车水马龙，今则门可罗雀；以前一言九鼎，今则哀告不灵；以前无往不利，今则处处不顺，他的繁华梦醒了，对人的认识也比较清楚了。

现实生活中也不乏这样的例子：

闫蕾是一家工厂的普通职员，她在厂里工作几年，和领导、同事相处融洽。厂里有位副厂长，年轻有为，业务能力很强，不料却因新来的厂长排挤而被调走，小刘很替他抱不平。

春节到了，闫蕾买了些礼物，来到副厂长家。副厂长感到既意外又欣喜，闫蕾说，她相信副厂长比别人有能力，甚至比新任厂长前途还要远大。副厂长听了，感慨地说：“我在厂里得势的时候，好多人围着我转，总表示和我的关系有多铁。可是一看新厂长排挤我，他们马上就扔下我，去围着新厂长转了，至今也没见谁来看我。只有你，平时并没表现得多么热络，却还有心来看我。真是烈火见真金啊！”

几年以后，这位副厂长当上了工业局的局长，那家工厂也归他管了。他对闫蕾一直十分关照，还推荐她担任了副厂长。

人在得意的时候，往往把一切看得很平常，即使你整天围着他转，也不会被特别看重，甚至会因你趋炎附势而看不起你。只有在转入逆境，以前的好友反目不相识的时候，他才会特别看重你的示好。这时，你的礼物再轻也是宝贵的，你的一炷香可以胜过别人倾其所有的进贡。

所以，如果你认为对方是个英雄，就该及时结交，多多来往；或者乘机进以忠告，指出其存在的缺失，勉励其改过迁善。如果自己有能力，更应给予适当的协助，包括物质上的救济，但是物质上的救济不要等对方开口，应随时采取主动。有时对方很急着要，又不肯对你明言，或故意表示无此急需，你若明白其中情形，更应尽力帮忙，并且不能有丝毫得意的样子，一面使他感觉受之有愧，一面又使他有遇到知己之感。寸金之遇，一饭之恩，可以使他铭记终生。日后你若有需要，他必奋身图报。即使你无所需，他一朝否极泰来，也绝不会忘了你这个知己。

“人情冷暖，世态炎凉。”智慧女人在拓展人脉关系时，要成熟但不要世俗。成熟的人让人想接近，世俗的人却令人敬而远之。因此，在社会上行走，要让自己多一些成熟的气质，少一些世俗的味道，眼睛看到高处别忘了低处，这样才能在人际交往中左右逢源。

3. 感情投资积人气

有智慧的女人，不管是钱财还是感情，都能拿去做投资。但也有不少女人抱着“有事有人，无事无人”的态度，把别人看成是受伤后的拐棍，身体康复后便随手扔掉。

其实，这是十足的目光短浅，俗话说得好，“平时多烧香，急时有人帮”，“晴天留人情，雨天好借伞”。真正善于求人的人，都有长远的战略眼光，早做准备，未雨绸缪，这样在急需时才会得到意想不到的帮助。

好的人际关系是求助成功的基础，但好关系的建立不是一朝一夕就能做到的，必须从一点一滴入手，依靠平日的情感积累。

古人说：“积土成山，风雨兴焉；积水成渊，蛟龙生焉。”只有通过不断地构建和巩固，人际关系才能牢固。情感投资，聚沙成塔。有了“铁”关系垫底，何愁求助无门？

某企业老板将自己的所有投资分类，研究其回报率，发现感情投资在所有投资中花费最少，回报率却最高。

他每年支付巨资给医院，作为保留病床的基金。职工或家属生病、发生意外，可以立刻住院接受治疗。即使在周末得了急病，也能马上送到指定的医院，避免在多次转院途中因来不及施救而丧命。有人曾经问他，如果他的员工几年不生病，这笔钱岂不是白花了？他回答说：“只要能让职工安心工作，对公司来说就不亏。”

他还有一项创举，就是把员工的生日定为个人的公休日，让每位员工在生日当天和家人一同庆祝。这样，在生日当天，员工可以和家人尽情度过美好的一天，养足精神，第二天又精力充沛地投入工作当中。

他的信条是：为员工多花一点钱进行感情投资，绝对值得。感情投资花费不多，但换来员工高投入、高产出，是任何一项投资都无法比拟的。

人人都有爱的需要，感情投资正是通过满足人性的需要、感情的需要而进行投资的，是迎合别人内心的渴盼，因而也是一种最有效的投资。

当你计划靠感情投资积累人气时，应注意以下几点：

（1）与朋友在一起，最好是“同泡苦水”

当你和朋友一起共事时，大家同舟共济，共同的命运把彼此联系在了一起。只要采取合作态度，互相支持、互相帮助、互相关照，是最容易产生感情认同的。特别是在困难的环境中，彼此相依为命、共渡难关、情谊深厚，这种交情可能终生难忘。

比如，当年不少知识青年从城里到乡下插队，几年间大家一个锅里吃、一个炕上睡，谁受了欺负，大家一起为他鸣不平，如此亲密互助的关系，必然转化为深厚的感情，铭刻在各自的记忆中，即使日后各奔东西，谁也不会忘记这段交情。

共事时间长固然可以形成深厚的交情，有时相处时间不长，但只要同心协力、相互支持、彼此关照，也能引起对方的好感，建立难忘的交情。

（2）培养与朋友的共同兴趣，以达到“趣味相投”的高度

有时，共同的兴趣爱好也可以成为彼此交情的纽带。比如，都爱下棋，在路边棋场相识，相互成了棋友；都爱唱歌，在唱歌俱乐部相遇，成了歌友……共同的爱好使大家走到了一起，在共同的切磋中结下了友情。

某大学校园里有一条清幽的小路，早晨经常有人到这里跑步锻炼。一位姓王的教授和一位姓高的老师，每天跑步都会在这里相遇，渐渐的，两人从一般的寒暄到互相了解。两人都爱好写作，少不了交流心得体会。她们经常进行信息和思想观点的交流，这对二人有很强的吸引力，都觉得受益匪浅。

时间长了，两人的共同语言越来越多，而且养成了习惯，不管春夏秋冬，每天不约而同地准时到小路上会合。后来，王教授被调到北京工作，还经常打电话来问候高老师，两人一直保持着密切的联系。

（3）杜绝“一次性交际”的心态及行为

在某些“实用型”人物眼中，所谓的“人情”便是你送我一包烟，我要还你一包烟，就像借债还钱一样，概不赊欠。这种一次性的交际行为看似洒脱，实则包含了太多的困惑与无奈。诚然，受助者也许在短时间内不愿再次开口求助，常言道：事不过三，但是当对方确实有困难而束手无策的时候，尽管你已经帮助过他数次，尽管他不好向你开口，但作为知情者，你也不应无动于衷，不妨主动伸出援助之手。事实上，这种“后继有人”的交际行为能够获得更大的“人情效应”，即使受助者一时无力给予回报，但你的行为风范，你的崇高秉性，已被更多的人所知晓，这样便积聚了人气。

4. 成就别人就是成就自己

一位在商界颇有建树的商人说：“人际关系就像播种一样，播种越早，收获越早；撒下的种子越多，你收获的也越多。”道理很简单，你帮助了别人，别人也会帮助你。每一个事业有成的人，在成功的道路上都离不开别人的帮助。

如果没有妻子苏菲亚的支持和帮助，我们在伟大的文学家中可能就找不到霍桑的名字了。当霍桑伤心地回家告诉妻子，他在海关的工作丢了，他是一个大大的失败者时，苏菲亚却很高兴地说：“现在，你可以写你的书了！”

“不错，”霍桑说，“可是我写作时，我们靠什么来维持生活呢？”

苏菲亚打开抽屉，拿出一堆钱来。

“钱从哪里来的？”他惊讶地说。

“我知道你是天才，” 苏菲亚回答道，“我知道有朝一日你会写出一本名著来，所以我每周从家用中省下一笔钱，这些钱足够我们用一年的。”

由于苏菲亚的帮助，美国文学史上最伟大的一本小说——《红字》，在霍桑笔下诞生了。难怪霍桑后来说：“人与人之间的互助是绝对重要的，可以关系到一个人是凡人还是巨人。”

由此，我们看到这样一个做人之本：帮助别人成功，是追求个人成功最可靠的方式。每个人都可以帮助别人，一个能够为别人付出时间和心力的人，才是真正富足的人。

如果一个人出色的成就让你感到有自己的一份功劳，你能够自豪地说

“是我的帮助让他有今天”，这将是你最值得骄傲的事情。

爱默生说：“人生最美丽的补偿之一，就是人们真诚地帮助别人之后，同时也帮助了自己。”我们在帮助别人的时候，也是在帮助我们自己。这并非一句空话。因为每个人都不是独立地存在于这个世界上的，每个人都会遇到困难，遇到自己解决不了的问题。这个时候就需要向别人求助，如果你能得到别人的帮助，一定会心存感激，希望他日自己也可以为别人做些事情。同样的，当你帮助别人时，别人也会心存感激，希望他日能伸出援助之手来帮助你。

小奇是一位青年演员，英俊潇洒，演技也不错，他刚开始只是扮演一些小角色，现在渐渐成为主要演员。不过，他还需要有人为他包装和宣传，以扩大知名度，这就需要一个公共关系公司。

一个偶然的机会，他遇到了小莉，小莉曾经在一家公共关系公司工作过几年，不仅熟悉业务，而且人缘不错。几个月前，她开办了一家公关公司，希望有机会进入公共娱乐领域，但那些比较知名的演员、歌手都不愿跟她合作。

两人一拍即合，联手干了起来。小奇成为小莉的代言人，而她则为他提供宣传的经费。他们的合作达到了最佳境界。在一些较有影响的报纸和杂志扩大对小奇的宣传，这样一来，她自己也变得有名了，一些有名望的人开始跟她合作。而小奇不仅不需要为自己扩大知名度而花钱，而且在业内的知名度越来越高。

从小莉和小奇的合作，我们可以看到这样一种局面：小奇为了扩大知名度，需要小莉为自己提供宣传的经费；小莉为了吸引名人，需要小奇做自己的代言人。而他们互相满足了对方的需求。

每个人都渴望实现自己的人生目标，但是，如果不善于借别人的帮助走向成功，不善于去帮助别人，就是很失败的做人处世之术。因此，最聪明的做人做事之道是——助人即助己。

第二节　营建人际关系网

1. 建立健康的人际关系网

高效的人际关系是一个畅通的网络。尽早建立一个良好、稳定的人际关系网，是争取获得社会资源的最重要一步。

有一则著名的格言：“重要的不在于你懂得什么，而在于你认识谁。”西班牙著名作家塞万提斯也曾说：“重要的不在于你是谁生的，而在于你跟谁交朋友。”这两则名言都说明了一个道理：交友是人生中的大事。人际关系网就是由各种各样的朋友构成的。

那么，怎样才能建立一个健康的人际关系网呢？

（1）遍地开花交朋友

充分利用个人际遇，将现有的亲友、同事，以及业务上有来往关系的人，列入备忘录，并勤加联系。

选读一门人际沟通课程，或者找出这方面的著作自修。

学习主动与人交谈的技巧，即使是同舟同车的陌生人。

以兴趣会友，如加入读书会、登山社、球友会等。

不定期举办小型聚会，并邀请新朋友参加。

参加各种社团，或者通过担任义工等方式走进其他人的圈子。

定期与家人聚会。

利用电脑网络交友。

观察他人如何与人沟通，并学习社交名人的处世之道。

发动同事间的休闲活动，以增进情谊，激发脑力。

当然，仅仅懂得这些还不够，一个真正的人际关系高手，不仅能够识人、知人，通晓人际关系理论，而且能够活用一些知识，在现实中与人和睦相处。

（2）努力结交比自己优秀的人

“你喜欢什么样的朋友，你就是什么样的人。”试着与那些比你优秀的人交往，会让你成为一个优秀的人。有时一个关键的朋友，抵得上你所有朋友的力量。

美国有一位名叫阿瑟·华卡的农家少年，在杂志上读了某些大实业家的故事，他很想知道得更详细些，并希望能得到他们对后来者的忠告。

有一天，他跑到纽约，也不管几点开始办公，早上7点就到了威廉·亚斯达的事务所。在第二间办公室里，华卡马上认出了面前那位体格结实、长着一对浓眉的人。高个子的亚斯达开始觉得这个少年有点讨厌，然而一听少年问他：“我很想知道，我怎样才能赚得百万美元？”他的表情便柔和起来，并且露出了微笑，两人谈了整整一个小时。随后，亚斯达还告诉华卡该去访问的其他实业界的名人。

华卡照着亚斯达的指示，遍访了一流的商人、总编辑及银行家。在赚钱这方面，他所得到的忠告并不见得都对他有帮助，但是，能得到成功者的指引给了他自信。他开始仿效他们成功的做法。

又过了两年，这个20岁的青年成了他当学徒的那家工厂的所有者；24岁时，他是一家农业机械厂的总经理。为时不到5年，他就如愿以偿地拥有了百万美元的财富。这个来自乡村粗陋木屋的少年，后来成为银行董事会的一员。

在活跃于实业界的67年中，华卡实践着他年轻时在纽约学到的基本信条，即多结交有益的人。

想结交比自己优秀的人，参加各种聚会时，要注意以下几点：

一是互相诉苦的聚会不要参加。因为难免被说成“小鱼就爱成群扎堆”。其中还有一边声称学习交流，一边喝酒互诉牢骚，以求互相安慰的聚会。这种聚会有百害而无一利，应尽量远离。

二是努力做聚会的领导者。如果你只满足于当一个一般成员，就不容易引起大家的注意，不能建立起人缘。有发言的机会时，要积极地发言，提出各种方案，给与会者留下深刻印象。第二次聚会，自己要首先邀约。总之，要使自己的言谈得到好评，使自己获得实质上的主宰地位。

三是注意给予重于获取。只求获取、没有给予的人会使人讨厌，给予了自然会有获取的机会。各种学习聚会，与其去受教育，不如抱着积极参与的心态参加，结果可能获得更大的益处。

建议充分利用一流的俱乐部或社团，因为一流的俱乐部或社团常常聚集一流的人物。多去几次，在一定程度上面熟后，彼此会自然地成为熟人。有时根据情况，不去拜托，俱乐部老板也会说“给你介绍个朋友”，为你斡旋一番。

当然，一流的地方消费也相当高，但是，从长远来看，这笔钱会成倍地返回来。立志要创业、成大事的女人，应当为投资而慷慨解囊。总之，为了建立高质量的人缘，有必要使自己置身于高水平的场所，即使有点破费，收益也不会小。

（3）使自己人生的圆圈变大

在一次培训课上，有位主管用图诠释了一个人生的寓意。他首先在黑板上画了一个圈，圆圈中间站着一个人。接着，他在圆圈里面加上了一座房子、一辆汽车、一些朋友。

主管说：“这是你的舒服区。这个圆圈里面的东西对你至关重要：你的住房、你的家庭、你的朋友，还有你的工作。在这个圆圈里头，人们会觉得自在、安全，远离危险或争端。”

主管停顿了一会儿，问道：“现在，谁能告诉我，当你跨出这个圈子后，会发生什么？”教室里顿时鸦雀无声。一位积极的学员打破沉默：“会害怕。”另一位认为：“会出错。”这时，主管微笑着说：“当你犯错误了，其结果是什么呢？”最初回答问题的那名学员大声答道：“我会从中学到东西。”

“正是，你会从错误中学到东西。当你离开舒服区以后，你学到了你以前不知道的东西，你增长了自己的见识，所以你进步了。”主管再次转向黑板，在原来那个圈子之外加上些新的东西，比如更多的朋友、一座更大的房子，等等。

“如果你总是在自己的舒服区里头打转，你就永远无法扩大你的视野，无法学到新的东西。只有当你跨出舒服区，才能使自己人生的圆圈变大，才能把自己塑造成一个更优秀的人。”

人类好像“杂食兽”，身体和精神都需要各种食粮，而精神食粮会在和各式各样的人的相互交往中取得。没有人能够过那种绝对孤独的生活。个人是人类“大动脉”中的微细血管，一旦和大动脉脱离，会立刻枯萎死亡。不管他怎样努力“独善其身”，结果都会归于失败。

因此，多跟不同行业的人交往，是你扩大社交圈、学到更多新东西的最佳方法。因为各行各业的人士都有可取之处，你从他们身上学到的东西越多（包括各种爱好、兴趣与观念），越有利于你把工作做得尽善尽美。

（4）用心维护你的关系网

没有一劳永逸的成功，也没有始终如一的朋友。人际关系网需要不断维护，否则便会生锈、断裂。

世界上有名的推销员乔·吉拉德平均每天卖出六七辆汽车，他的秘诀之一就是真诚地结交朋友，并且用心地去维护朋友关系网。

乔·吉拉德用寄信函和贺卡的方式，加深了朋友间的友谊。对于每一位朋友，乔·吉拉德每年大约要寄上12封信函或贺卡，每次均以不同的色彩及形式投递。

1月，他的卡片展现的是一幅精美的喜庆气氛图案，同时配以几个大字

“恭贺新禧”，下面是一个简单的署名。2月份，他的信函写的是“请你享受快乐的情人节”，下面仍是简短的署名。3月份，信中写道：“祝你圣巴特利库节快乐！”圣巴特利库节是爱尔兰人的节日，也许你是波兰人或是捷克人，但这无关紧要，关键是他没有忘记向你表示祝愿。然后是4月、5月、6月……

虽然这只是小小的印刷品，但它却起到了非常重要的作用。它不定期地来到朋友的身边，负载着乔·吉拉德美好的心愿及对友谊的期盼。正是这些小小的印刷品，一点点地加深了乔·吉拉德与朋友们的友谊。接到这些卡片的人，会不断地重复乔·吉拉德的名字，并且在脑海中浮现出乔·吉拉德的形象。

以这样的方式，乔·吉拉德维持着成千上万的朋友关系，这些朋友也给他带来了一个又一个的销售机会。

成功有时就是这么简单，只要你掌握方法，用心去做就行了。

人际关系网是一个动态的概念，结交朋友的环境在发生着变化，你的朋友在发生着变化，你自己也在发生着变化。如果你不用心去维护，有的关系就会一步步地疏远，而一件小事、一个误会，甚至是一句不当的话语，都有可能让你失去一个朋友。

俗话说：“书到用时方恨少。”如果不花时间去维护人际关系网，你同样会发出这样的感叹：“朋友到用时方恨少。”平时多问候朋友，哪怕是一个电话；如果有可能，还应该多走动走动。记住：友谊就像一杯温水，要想让它不凉，就要时时想着给它加加温。

2. 让贵人为自己的人生赋能

俗话说：“七分努力，三分机遇。”尽管很多人相信“爱拼才会赢”，但在实际生活中，有些人即使拼了也不见得赢，其中的关键就在于缺少贵人相助。在攀登事业高峰的过程中，贵人相助是不可缺少的一环。有了贵人相助能为你的成功加速。

在中国的传统文化中，天时人和的内涵就是“贵人相助”。有了贵人相助，成功的筹码就多一些。所以，找到自己的贵人，并博得他们的信任和赏识，是成功的重要开端。“贵人”可能是指某个身居高位的人，也可能是指你敬仰的对象，无论在经验、专长、知识、技能等方面，他们都略胜你一筹。因此，他们也许是师傅，也许是教练，也许是引荐人。出门遇“贵人”，就可以吉星高照，前途一帆风顺，甚至飞黄腾达。

《红楼梦》中薛宝钗有一句词：“好风凭借力，送我上青云。”如果有机会，为什么不求助于贵人？为什么不试试坐上春风的感觉？

但一般来说，贵人可能早已功成名就，又不亏欠我们，没有必要理睬和帮助我们，在这种情况下，谋略就派上了用场。

当你到了一个新环境，不妨留心观察周围的人，哪些可能是你的贵人，然后主动亲近他们，与他们保持联络，让他们对你有深刻的印象。这样到了关键时刻，他们就会发挥“贵人”的作用，在你事业发展的过程中助你一臂之力。

在一部电视剧中，女主角参加脱口秀演出，遭到同行恶意打压，把本来属于她的表演时间一再压缩。她气愤之余，跑到卫生间平复心情，结果误进了男厕所，遇到了偶像男演员。她立马忘记了尴尬，对偶像说：“不好意思，我必须向你自我介绍，我是你的超级粉丝，你很非凡，你真的很伟大。”

她的这份自信，让男演员注意到了她。她的强大气场，让她的五分钟脱口秀一炮而红。第二天，她就收到了男演员的邀请：“你愿意为我的巡回演出开场吗？”

真是天大的惊喜！女主角的自信，为自己赢得了宝贵的机会。

如何判断哪些人是你的职场“贵人”？请注意几项特质：乐于助人、学有专精、在自己的工作岗位上力争上游、凡事抱持正面思考、识才爱才……具备这些条件的人，都有可能成为你的贵人。而生活中的贵人，则可能是你身边的任何一个人，所以不可对人持有偏见。

现在，将你所有的联系人列出来，想想你认识并有联系的每一个人，设计一个计划以最有效地利用这些联系。织就一个密不透风的“朋友圈”，圈中有各种各样的朋友，你就可以从中获得更多机遇，甚至发现你的“贵人”。不要小看了这个“朋友圈”，也许你的命运将因此而改写。

3. 维护并调整自己的朋友圈

人脉可以为你带来各种利益，但也需要你时常投入精力、财力进行维护和调整。

下面是维护关系网的几大秘诀：

一是保持忠诚。不要因为她休了一年的产假，就将那个友好的同事从你的联系人名单中划去。保持和她的联系，即使她和你目前的工作完全没有联系。只有不失真诚地维护好你的人际关系，你才能在不顺利的时候获得帮助。

二是不要与人失去联络。有事找人才联络，这种人被称为“突击型选手”。这类人之所以惹人厌烦，是因为他们平时没有和朋友保持联络，只是有事了才临时预热一把。当你半年都没有和朋友联络，你很可能就快失去他了。试着每周打1个电话吧，这样不但可以维系旧日情谊，还可以扩张自己的“情面”。

三是利用好各种机会。有的人特别忙，白天打电话给他，他在开会；晚上打电话给他，他在应酬；深夜当然也不妥。傍晚是比较合适的时机，刚好是忙了一天工作后晚饭前的时间。与同行每个月在聚会上碰面，这种内部聚会总有一些免费的内部消息、工作方法的建议和成功的战略。

四是不要轻视任何人。每个人身上都有可取之处，不要因为某人看似实力单薄就不予理睬。从自己的生活伴侣到工作同事，再到街坊邻居、便利店老板——每个人平均认识250个人，这些关系都可以好好利用，并运用技巧将他们网罗起来。

五是情报无处不在。街头、饭店大厅、机场、出租车停泊站、酒吧、沙龙，处处都有最新情报，跟人谈上一两个小时，说不定就能认识有用的人士。

六是记录“关系”进展。如果你的关系网足够大，就需要像写日记那样记录一下——姓名、联系方式、你的看法以及日后的联络之法，以便在急需时能马上找到相关人士。

七是不要急于求成。拓展关系如果盲目地向前冲，向别人要求太多，别人很容易看出你“不择手段”，从而离你越来越远。记住，人际网络适合放长线钓大鱼。

同时，因世界上的一切事物都处于不断的运动、变化和发展之中。我们的人际关系如果不随着客观事物的发展而发展，就会逐步处于落后、陈旧甚至僵死的状态。因此，一个合理的人际结构，必须是能够进行自我调节的动态结构。动态原则反映了人际结构在发展变化过程中的客观要求。

所以要不断检查、修补关系网，随着部门调整、人事变动及时调整自己手中的“牌”，修补漏洞，及时进行分类排队，不断从关系之中找关系，使自己的关系网一直有效。

在实际生活中，需要调节人际结构的情况一般有以下三种：

一是奋斗目标的变化。也许你的奋斗目标已经实现，也许你的奋斗目标变了，比如弃政从商，这就需要你及时调节人际结构，以便为新的目标做准备。

二是生活环境的变动。在现代社会，人口流动性空前加快，本来在A地工作的你，忽然要到B地去工作，这种变动势必引起人际关系的变化。

三是某些人际关系的断裂。天有不测风云，朝夕相处的亲人或朋友离开，在悲哀的同时，不能不看到人际关系的变化。

由上可知，调整人际关系有被动调整和主动调整两种，不论是何种调整，都要求我们迅速适应新的人际关系。所以，在建造人际关系时，要努力建造一种能够新陈代谢的开放性人际关系。

社会关系是错综复杂的，每个人都置身在盘根错节的关系网中，每件事都明里暗里地交织在复杂的关系网中。不会拉关系，不善于利用关系的人是很难顺利办成事情的。这就需要我们努力为自己编织一张完备的关系网，并随时检查、修补，使之更加完善。有了这张关系网，我们在办事时才能得心应手，左右逢源。

第六章

苦练心法谋人生

第一节 求人办事的心态修炼

1. 善于求助，为成功加速

一个人从咿呀学语至寿终正寝，在整个生命历程中，免不了求人和被人求。

战国时期，有个叫许行的楚国人来到滕国。他和自己的几十个门徒穿着粗麻织成的衣服，靠编草鞋、织席谋生，以能自耕自足、不求他人为乐，并据此指责滕国的国君不明事理。因为在许行看来，人不能依赖别人，不能向人求助，所以作为真正贤明的国君，他既要替老百姓服务，同时也要像老百姓一样自耕自食；如果自己不耕种而要别人供养，就不能算是贤明的国君。

一个叫陈相的人把许行的所作所为及主张告诉了孟子。孟子问陈相："许行一定只吃自己耕种收获的粮食吗？"

陈相回答："是的。"

孟子接着又问："那么，许行一定自己织布才穿衣吗？他戴的帽子也是自己做的吗？他煮饭的铁甑都是自己亲手浇铸的吗？他耕作用的铁器也都是自己亲手打制的吗？"

陈相回道："都不是的。这些物品都是他用米、草鞋、草席这些东西换来的。"

孟子说："既然是这样，那就是许行自己不明白事理了。"

孟子和陈相的对话，明确地指出不论衣食住行还是国家事务，我们都是有求于人的。即使拥有上亿财产，也不见得能买到自己真正想要的东西。生活中无论什么事情，都必须靠人与人之间的交往与互助来实现。人与人之间离不开互求互助、互帮互援。求人是人与人之间交往的一种必然现象，万事不求人是不可能的。因此，求人办事，首先要过心理这一关。

众所周知，无论求财、求官、求名誉、求地位，还是求其他事情，所求的一定不是随便就能得到的东西。

有些人总认为求人就低人一等，因此，很多女人不敢平等地面对别人，过于看重别人的态度，生怕吃闭门羹、碰钉子，生怕别人瞧不起自己，因此不敢大大方方公开求人。甚至有人表情也不自然，想好的话也变了调，别人对这样的人很难看得起。别人越是看不起、不喜欢自己，便越感到紧张，感到不自在，以致心理压力越来越大，形成恶性循环，对以后交往的信心也产生了不良影响。

拿破仑曾经说过："我的字典里没有'不可能'这个词。"同样，我们办任何事情也要去掉"不可能"这个词，只要肯去尝试，没有一件事是绝对不可能的。自信是一种成功的动力。如果总抱着"我不行，这事怕办不成"的消极想法，势必会影响自己办事的效率。相反，如果办事之初就充满信心，觉得"这事难不倒我，一定能办成"，这种观念就会在潜意识中影响自己的心态，所办的事情便有了很大的胜算。因此，无论找什么人办事，办什么事，尽管大着胆子去做，"胆大漂洋过海，胆小寸步难行"。没有坚定的自信心，没有敢于试一试的胆量，必将一事无成。

陈大姐为调动工作办一个手续，连跑了几个地方，却总是受人冷落，解决不了问题。一位朋友听说此事后，对她说："在外跑关系办事哪有这么容易的！我跑关系办事是一求、二求、三求，不行再四求、五求、六求。事实不可谓不详尽，道理不可谓不充分。现在我不仅脸皮厚了，连头皮都变硬了！"

朋友的一席话让陈大姐又鼓起了勇气。第二天，她"厚"着脸皮去找主管部门的主任，结果出人意料的顺利，终于办了手续。

由此可见，求人办事，对方喜欢不喜欢是他的事，而你都要表现得自然得体。不要太在乎别人怎样看待自己，关键是你怎么看待自己。如果你把自己看得太渺小，而把对方看得高大无比，就会在心理上给彼此的交往筑起障碍，拉大与对方相处的距离。

现实生活总是有太多无奈，使你不得不去求人。假如你是一位待业青年，希望能找到一份如意的工作；假如你是一个职员，希望能平步青云；假如你有急用，希望能筹借到一笔款子……这许许多多、大大小小的希望便构成了生活。生活迫使你不得不去求助于别人，而是否能得到别人的“搀扶”，很大程度上又取决于你有没有良好的心态和求人的技巧及策略。记住：世上无难事，只要肯求人。

2. 不能死守面子

曾经有求于人的人都知道，求人的滋味不好受，还未等你向别人张口，便觉得矮了人家一大截……

求人难，往往并不难在事情难办上，而难在求人者太要面子。中国人自古好面子，一事当前，面皮薄，该开口的不开口，该要求的不要求，结果浪费大好时机，牺牲了自己的利益。所以有一种说法叫“面子杀人”。意思是说，有时为了面子，可能会伤害自己，甚至牺牲自己的前途。

很多人信奉“万事不求人”或“求人不如求己”的原则，认为请求别人帮助是自己无能的表现，似乎有些丢脸。还有人认为，少求人、多助人是个美德，同时，助人让人感到自己高尚而有价值，所以有“助人为快乐之本”的说法；求人则让人感觉自己不如人，所以自尊心强的人自然不爱求人。

但是，人与人之间的互相帮助是生存与生活的必然现象，而非“无能”或“丢脸”。因此，求人办事，脸皮薄可不行。所谓“人在屋檐下，不得不低头”，求人办事，脸皮薄、放不下清高的架子是不可能成功的。

20世纪80年代，艾科卡由于遭人嫉妒和猜忌，被免去了福特汽车公司总经理的职务。面对打击，他没有消沉，而是立志重新开创一片天地。为此，他拒绝了数家优秀企业的招聘，接受当时濒临破产的克莱斯勒公司的邀请，担任总裁。

到任后，他决定以品质、生产力、市场占有率和营运利润等因素来规定红利政策，规定主管人员如果没有达到预期的目标，就扣除25%的红利。他还规定在公司尚未走出困境之前，最高管理层各级人员减薪10%。

这一措施推出后，有人反对，有人赞成。反对的多是公司元老，认为这样做损害了他们的利益。艾科卡冷静地对待这一切，并且自己只拿1美元的象征性年薪，让反对他的人无话可说。

为了争取政府的贷款，艾科卡四处游说，找人求人，接受国会各小组委员的质询。有一次，由于过度劳累，他眩晕症发作，差点晕倒在国会大厦的走廊上。但为了达到求人办事的目的，艾科卡把这一切都忍了下来。最后，他领导克莱斯勒公司走出了困境，到1985年第一季，克莱斯勒公司获得的净利润高达5亿多美元。艾科卡也由此成为美国的传奇人物。

艾科卡之所以能够取得巨大的成功，秘诀就是不看重个人“面子”，而是努力想办法做好事情。

求人办事需要有厚颜弃面、能屈能伸的品性。能够放下面子去求人，难亦不难；若死守面子就会既办不成事、达不到目的，还有可能损失更多的利益，甚至伤害自己。

3. 向人求助要修炼“七心”

求人办事难，难于上青天。一个“防”字拒人于千里之外，一个“假”字可谓入木三分。处世求人几多曲折，其中的真真假假、虚虚实实经常叫人捉摸不透。因此，办事需要有良好的心理素质。一个人能否控制自己的情绪，去适应不同的办事对象、办事环境也很重要。

有时求人者会因强烈的自我意识，而对他人的言谈、行为、眼光等都过分在意，稍有一点不合便与自己联系起来，无端地认为别人在鄙视自己，因此错失求人办事的机会。

强烈的自我意识从根本上说是自卑感在作怪。有的人总希望自己是生活的强者，是别人心目中的优秀人物，但往往事与愿违，想象与现实之间存在差距，这种心理落差很容易使自己产生焦虑，更加敏感紧张，对自己不利的信号捕风捉影，形成一种恶性的心理循环：你越紧张，越容易成为别人的话柄或笑料，反过来又会进一步加剧你的猜疑与敌意，把人际关系搞得一团糟。比如，生活中常常出现这种情况：在准备求人办事之前，自以为对方会热情接待，可是到现场后却被对方冷落，这时心里就容易产生失落感。

一天，莫小姐到多年不见的同事家去探望。这位同事现在是商界的知名人物，每天拜访他的人很多，令他有点疲于应付。因此，他对来家的客人，一般都不冷不热。

莫小姐本以为自己会受到热情的款待，但到那里后，发现同事对自己不冷不热，心里顿时有一种被轻慢的感觉，认为对方太不够朋友，小坐片刻便借故离去。她愤愤然，决心再也不与之交往。后来才知道，这是同事在家待客之道，并非故意针对哪个人。她再一想，自己和人家不曾有过深交，自感冷落不过是自己多想罢了。于是她改变心态和想法，采取主动姿态与之交往，结果反而加深了了解，促进了双方的友谊。

有一种敏感过度心理，就是过分在意别人对自己的评价或态度的微小变化，其实别人并没有针对他，他却总以为别人和他过不去。遇到这种情况，痛苦的感受会侵蚀掉我们的自尊。所以，求人办事前应重新审视自己的心理，恢复平静，去除不必要的烦恼。

退一步讲，求人办事受到冷遇也很正常。不同的人有不同的反应：或拂袖而去，或纠缠不休，或怀恨在心。你诚心诚意地有求于人，但别人不一定能满足你的要求。当你遭到拒绝时，不要过分纠结，反应不能情绪化，否则可能会因小失大，影响办事效果。因此，求人办事心态要平和一点。求人不取决于你“喜不喜欢”，而在于你想办成事情，就必须求人；不仅在于你敢不敢求人，还在于你怎样求，以什么心态去求。

人生一世，需要结交无数的关系，需要请无数的人帮忙。既然要求人帮忙，就要克服心理障碍。有人做过总结，认为求人要修炼七心：

（1）戒疑人心，修宽厚心

多疑必寡信多惑，多惑则多迷多失，所失者信也、义也、本也。宽则能容万端，厚则能载万物，立信破惑则必博量宽怀，薄己厚彼。

（2）戒虚假心，修诚信心

虚则不实，假则不善。路遥事久，其形尽显，其信尽失，人焉有聚，事焉有成。诚信乃人心之日月，朗朗昭悬，昼夜不失其光明。

（3）戒固执心，修虚谨心

固则闭，执则偏，千路阻塞，万马齐喑，如之奈何。虚则空，谨则虑，空无滞碍则容通，虑到得到则无失。无失者，人也、心也。

（4）戒苛吝心，修宽济心

苛人者事苛，吝失者得寡。宽人者事宽，济人者事济。苛宽得失，自有因果。

（5）戒贪求心，修自然心

德为富贵之本，财利之源。以德为本，天道酬德，无德不得，失德则本尽。自然之道，何必贪求。求人的期望值不宜太高，顺其自然最好。

（6）戒争斗心，修忍让心

人事不和，即生争斗，宽己苛人，人心岂能不乱，内乱岂能不生。不忍者多欲也，欲不达则烦恼嗔恚生。忍者强也，大忍者大强，不忍者愚弱也。

（7）戒急躁心，修耐久心

急躁则心不安，情绪未定，谋事则不周。耐心在于坚持，在于坚定，在于软磨硬泡，即好事须多磨也。

4. 认清自我，不卑不亢

每个人在社会上的角色不同，社会分工也不同。农民种地，工人做工，教师教书，不同的角色承载着不同的义务。同时，每个人在社会中所处的地位身份也不同，因此办事能力、方法、态度也不同。现实中，我们经常见到这种现象：求亲戚办事，辈分高的人出面一般比辈分低的容易一些；在社会上办事，求有社会地位的人出面帮忙，也比地位不高的人出面顺畅。正所谓人微言轻或权高位重，就是这样的道理。

所以，无论是求人办事还是帮人办事，我们都必须认清自己的身份、地位，清楚自己的分量，能办多大的事，能跟什么样的人办事，采取什么样的方法和途径。心里有了谱，办事才会更有针对性、有分寸感，减少不必要的麻烦与障碍，顺利达到办事的目的。

还有更重要的一点就是根据自己身份、地位的变化，随时调整自己的办事思想与方法，特别是在日常办事中有职位优势的官场中人，更要注意这一点。

官场中，有些当权者在位时，被下属众星捧月，前呼后拥。下台后，失去了权力，人生状况便一落千丈。所谓“人走茶凉”，便是地位跌落后世态炎凉的形象写照。原来在位时一句话就能够顺利办成的事情，现在磨破嘴皮子也难以办周全。这就是地位变化对办事成功与否的影响。

会办事的人，不论自己身份、地位如何，总能正确地掂量自己，始终做到不卑不亢。

不卑，就是不卑躬屈膝，做出讨好、巴结的样子；不亢，就是不自傲，不以老大自居。盛气凌人，自视比别人高出一等，必然会引起别人反感。不论找什么人办事，不论对方地位高低、资历深浅、条件优劣、学识深浅，都要奉行不卑不亢、热情谦让的原则，这样才能得到他人的尊重。

女人在求人办事时也要学会不卑不亢。不卑，可以不惹人怜；不亢，可以不招人妒。不卑不亢的女人一定是从容自若、淡定如水的，这样的女人跟谁都能处得来。拥有了不卑不亢的大气度，就能在无形中给人一种无可抗拒的力量，处理起事情来就能得心应手、顺理成章。

小赵在一家规模很大的医药公司做销售，她年纪轻轻，但工作起来兢兢业业，有条不紊，深得同事敬重，就连顶头上司也对她偏爱有加。之所以能够如此，还得益于小赵不卑不亢的交际手段。

小赵刚进公司时，就碰上了一个重要的国外大客户。但由于双方文化背景、思维方式、运作方法的不同，谈判很快进入了僵局。小赵没有轻易放弃，她一遍又一遍地研究对方公司的资料，总结其弱点，并请顶头上司王强帮忙，为谈判提供了很多有效信息。在谈判中，小赵更是不卑不亢，一方面，她一语言中对方软肋，锉掉对方的气势；另一方面，她用自己的认真和诚挚来感化对方。令人意想不到的是，这个“危机重重”的项目竟然被她谈成了。

谈判成功后，顶头上司王强为小赵举办了庆功宴，小赵欣然接受。自此以后，王强借口庆祝小赵的出色表现，经常私下约她，但小赵都婉拒了。这位上司知难而退，对她反而多了几分敬重。

由上可知，女人在任何时候都要学会不卑不亢。与客户打交道如此，与上司、同事交往也是如此。工作中，我们应该学会服从上司安排，但不是唯唯诺诺、一味应承。有的时候，以诚相待，不卑不亢，反而可以让上司发现你的成熟矜持和个人尊严，让他对你产生敬重，抬高你在他心目中的地位。

很多女人在事业上成绩骄人，但有时缺少这份不卑不亢的风度。无论你身份、地位如何，一定要相信自己，这样才能在人际交往中做到有礼有节，不献媚，自尊自重，尊重别人，同时也获得别人的尊重。

要做到不卑不亢，关键是要摆正自己的心态，以下几点可供参考：

（1）经常保持挺胸抬头的姿势

人的姿势与人的内心体验是相一致的，姿势的表现可以与内心的体验相互促进。一个人越有信心、越有力量，其精神面貌越是生机勃勃。成功的人、得意的人、获得胜利的人，往往表现得意气风发。学会自然的昂首挺胸，将有利于增强自信心。

（2）主动与人交往

在微笑的问候中，双方都能感受到人际交往的乐趣及人与人之间的温暖，这种温暖和真情会让人充满自信和力量，对未来充满信心。

（3）经常对自己说“我能行”

每次对自己说的时候要果断，并且要反复地说。特别是遇到困难的时候，更要用它来鼓励自己。经常强化训练，能使你通过自我的积极暗示，逐步树立信心，获得自信的力量。

（4）不要故作清高

“故作清高”多半是因为不敢说，或者不知道该说些什么，所以就一言不发。但久而久之，这种对别人谈话置若罔闻的行为就会引起别人的反感。你要积累自信，就必须鼓足勇气，大胆地在别人面前发表看法。别人会因为你的这份自信而改变对你的看法，从而愿意帮助你。

第二节 向人求助的心理学

1. 求人首先要了解对方

要想通融事，必先通融人。不先把人搞通，就不可能把事搞定。搞通人的方法有很多，“投其所好”是最有效的方法之一。俗话说：“不怕对方不上套，就怕对方没爱好。”

世上所有的事情都是由人酌办的。所以，与其劳心费力地琢磨事，不如先尽心竭虑地琢磨人。把人搞明白了，事情也就搞清楚了；把人搞定了，事情也就搞定了。

战国时的张仪，学了一套“纵横术”，带着几个乡人跑到楚国去求富贵。可惜事与愿违，他们在楚国穷困潦倒，生活异常拮据。同去的人挨不下去了，一个个怨气冲天，嚷着要回家去。

张仪说：“你们是不是因为穷了，享受不到什么快乐就要回去呢？这样吧，再挨几天，不是我夸口，只要见到楚王，我包管大家吃喝不愁，否则，你们可敲碎我张仪的门牙！”

当时，楚王正宠爱着两个美人，一个是南后，一个是郑袖。

张仪对楚王说：“我到这里很久了，大王还不给我一点事做。如果大王真的不想用我，请准我离开这里，去晋国跑一趟，到那边碰一碰运气！”

“好吧，你只管去吧！”楚王巴不得张仪赶快离开，便一口答应下来。

“当然，不管那边有没有机会，我还是要回来一次的。”张仪说，“请问大王，需要从晋国带些什么吗？譬如那边的土特产，您若喜欢，我可顺便带一些回来。”

楚王冷冷地扫了张仪一眼，淡淡地说：“金银珠宝、象牙犀角，本国多的是。对于晋国的东西，没什么可稀罕的。”

“大王不喜欢那边的美女吗？”

这句话像电流一样击中了楚王，他眼睛一亮，连忙问道：“什么？你说的是什么？”

“我说的是晋国的美女。”张仪假装正经地说，还做起手势向楚王解释，“那真是妙呀，漂亮极了！晋国的女人，哪一个不像仙女一样？正所谓比花花枯谢，对月月无光，去鬓压衡岳，裙带系湘江……”

这席话引得楚王的眼珠一直跟着张仪的手势转，连嘴巴也合不上了：“对！对！对！本国是一个荒僻地区，我从未见过晋国的那些美人儿，你不说我倒忘了，那你就给我去办，多带些名贵的土特产回来吧！”

“不过，大王，没货款，办事可就难了。”

“那还用说，货款是少不了的。”楚王立即给了张仪很多银子，让他尽快去办。

张仪领到银子后，故意把消息散播出去，很快就传到了南后和郑袖的耳中。南后和郑袖得知后大为恐慌，连忙派人去向张仪疏通，对他说：“我们听说张先生奉楚王之命到晋国去买土特产，特地送上盘缠，给先生做个路费！”于是，张仪又捞了一笔。

张仪要去晋国了，向楚王辞行时，他装出依依不舍的样子，说：“我这次到晋国去，路途遥远，交通不便，不知哪一天可以回来。请大王赐我几杯酒，给我壮壮胆。”

“行，行！”楚王客气地叫人赐酒给张仪壮胆。

张仪饮了几杯，脸红起来，又装模作样地拜请楚王，说：“这里没有别人，敢请大王特别开恩，叫最信得过的人出来，亲手再赐我几杯，给我更大的鼓励和勇气。”

“可以，不成问题，只要你能早日完成你的使命！”

楚王看在“土特产”的份上，特地把最宠爱的南后、郑袖请了出来，轮流给张仪敬酒。张仪一见二人，连酒都不敢饮了，“扑通”一声跪在楚王面前，说：“请大王把我杀了吧，我欺骗大王了。”

“为什么？”楚王惊讶不已。

张仪说：“我走遍天下，从未见到有哪个女子长得比大王这两位贵妃漂亮的。过去我对大王说要去找土特产，那是没有见过贵妃之故。现在见了，觉得把大王给欺骗了，罪该万死！”

楚王一听松了口气，对张仪说：“我以为是什么呢？那你不必起程了，也不必介意。我明白，天下根本没有谁会比得上我的爱妃，是不是？”又连忙向左右两个贵妃献殷勤。

南后和郑袖同时眨了眨眼，嘴一撇：“嗯！”

从此，楚王改变了对张仪的态度，张仪也落得个岁岁平安。

从这个故事可以看出楚王的弱点是爱女色，南后和郑袖的弱点则是害怕有人夺去她们的地位。张仪正是抓住他们的弱点，从他们身上赚取了许多银两。

由此可知，办事首先要研究对方的心理。当你求人办事时，对方能不能答应你的要求，能不能全力帮助你把事情办成，关键在于他心里是怎么想的。所以，要想争取对方应允或帮忙，应该站在对方的立场考虑，设法引起对方对这件事的兴趣，或者让对方知道办完这件事自己会得到什么利益。

2. 知己知彼才能稳操胜券

在求人办事之前，一般要对对方的情况做客观的了解，只有知己知彼，才能针对不同的情况采取不同的策略和手腕。

（1）找两面派的人办事，应谨慎地划出一条原则

我们在生活中难免会遇到这样的人：当面奉承你，转过身去却对你嗤

之以鼻；为了取得你的“庇护”，成天低声下气地围着你打转；对你心怀不满，但当面总是笑脸相对，背后却到处拨弄是非……跟这样的人打交道确实不容易，一旦处理失当，就很可能使交往“触礁”。

对于这样的人，不要去伤害他的自尊心，不去撕毁他费心保护的“面具”，也不可简单地拒绝他的奉承。简单拒绝只会伤害对方的自尊心，加速你“触礁”的进程。

跟这样的人办事，要谨防被他的别有用心所利用。这就需要在与之交往的过程中，谨慎地划出一条界线，在正当的利益上尽量满足他，使他的自尊心、荣誉感得到满足，并促使其良知自现，这样就可以顺利地让他为自己办事。

（2）找性格冷淡的人办事，要有热情和耐心

性格冷淡的人做事往往我行我素，对人冷若冰霜。尽管你客客气气地跟他寒暄、打招呼，他却总是爱搭不理。和这类人打交道，可能会让人感到不自在、不舒服，但出于工作、办事的需要，我们又不得不与他们来往。

从表面上看，似乎他怎样对你，你也可以以同样的方式去对待他。但是，这种想法是不恰当的。这种人的冷淡只是他们本身的性格使然，尽管你主观上认为他们的做法使你的自尊心受到伤害，但这绝非他们的本意。因此，最好不要去计较它，更不要以自己的主观感受去判断对方的心态，以至于做出冷淡的反应，否则便会把事情弄糟。

在跟这类人打交道时，不仅不能冷淡，反而应该多花些功夫，仔细观察他的一举一动，从他的言行中找出他真正关心的事情。一旦你触及他所热心的话题，他很可能马上一扫之前冷淡的表情，表现出一定的热情。

另外，跟这种人打交道，需要更多的耐心，要循序渐进，设身处地为他们着想，维护其利益，逐渐使他们接受一些新事物，从而调整他们的心态。这样，当你遇到事时，求助他们才不会轻易碰钉子。

（3）找清高傲慢的人办事，应选择适当的交往方式

在日常交往中，有些人往往自视清高，目中无人，表现出一副“唯我独尊”的样子。跟这种举止无礼、态度傲慢的人打交道，实在是一件令人难受的事情。

有人说，对这种人必须以牙还牙。似乎对方的傲慢清高是对我们的一种侮辱，于是，我们也要用这种方式去回击他。但当你理性地思考一下自己的目的和处境，则应该寻求某种更适当的交往方式。因为，如果他傲慢，你怠慢，很可能使交往无法进行下去，这对双方显然都是不利的。所以，你应该从如何促使自己办事成功来选择应对方式。

首先，尽可能减少与其交往的时间。在能够充分表达自己的意见、态度或某些要求的情况下，尽量减少接触对方傲慢无礼的机会。

其次，语言简洁明了。尽可能用最少的话清楚地表达你的要求与问题，让对方感到你是一个很干脆、很少有讨价还价余地的人，从而约束自己的行为。

（4）找沉默寡言的人办事，先让他说话

由于对方太过沉默，你没办法了解他的想法，更无从得知他对你是否有好感。

对于这种人，最好采取直截了当的方式，让他明确表示“是”或“不是”、“行”或“不行”，尽量避免迂回式的谈话。你不妨直接地问：“对于A和B两种办法，你认为哪种比较好？是不是A方法好一些呢？”

（5）找私心较重的人办事，应设法升华其特点

所有人在社会交往中，都讨厌那种自私自利的人。因为这种人心里只有自己，凡事都将自己的利益摆在前头，不肯有所牺牲。但在日常交往中，遇到这样的人，该办事时还得办事。

这种人尽管心目中只有自己，特别注重个人的得失和利益，但是，他们也往往会因利益而忘我地工作。对他们不必有太高的期望，也没有必要期望他们能够像朋友那样以义为重、以情为重。

与这类人交往可以仅仅是一种交换关系，干多少活，给多少利；干的好坏不同，利也不一样，人们普遍地对这种人感到厌恶。但是转念一想，当你以一种利益标准作为社会交往的尺度时，就不会在任何时候都对他们采取“敬而远之”的态度了。

（6）找“好出风头”的人办事，不能一味迁就

现实生活中，“好出风头”的人并不少。这种人狂妄自大，喜欢自我炫耀，自我表现欲非常强烈，总想证明自己比别人强，比别人正确。遇到竞争对手时，他们总是想方设法地排挤人，不择手段地打击人，力求在各方面占上风。人们对这种人虽然发自内心地瞧不起，但为了顾全大局，不伤交往中的和气，往往事事处处迁就他、让着他。

为了顾全大局，求大同，存小异，在某些方面做一些必要的退让，应该说是一种比较聪明的交往方式。“和”无疑是必要的，但如何去获得“和”则有不同的方式。“让”是一条途径，“争”也不失为另一个必要的方式。因为有些争胜逞强的人并不能理解别人的谦让，而以为是自己了不起，由此变本加厉地瞧不起别人，不尊重别人。对于这种人，不能一味地迁就，应让他知道天外有天，人外有人。迁就只适合那些比较理智的人；对于不明智的人，不妨与他争，挫一挫其傲气。

（7）找性情暴躁的人办事，宜采用正面的方式

性情暴躁的人容易冲动，做事欠考虑，思想比较简单，容易感情用事，行动如疾风暴雨。跟这种人打交道，应小心谨慎，否则稍有得罪，他便怒不可遏，甚至拳脚相见，实在是不明智。当然，这种人也有优点，而这正是我们与之交往的重要基础。

首先，这种人比较直率，常常心里想什么就直接表现出来，不会使阴谋诡计，也不会在背后算计人。如果他对某人有意见，会直截了当地提出来。

其次，这种人一般比较讲义气、重感情。只要你平时对他好，尊敬他，视之为朋友，他会加倍报答你，并维护你的利益。所以，和这种人交往，不一定非要那么客套或讲什么大道理，只要你以诚相待，他必定以心相对。

最后，这种人喜欢听好话，与其交往时，宜多采用正面的方式，而谨慎运用反面的或批评的方式，这样往往可以取得更好的效果。

（8）找草率决断的人办事，要确信他领会了你的意思

这种类型的人，乍一看好像反应很快。他常常在交涉进行到最高潮时，忽然做出决断，给人以“迅雷不及掩耳”的感觉。这种人多半性子很急，有的时候为了表现自己的“果断”，就随便而草率地做决定。

这种人经常会“错误地领会别人的意图”，其特征是：没有耐心听完别人的谈话，往往“断章取义”，自以为是地做出决断。如此，虽然交涉进行较快，但草率做出的决定多半会留下后遗症，导致意想不到的结果。

如果遇到这种人，最好把谈话分成若干段，说完一段之后，马上征求他的同意，没问题了再继续进行下去，如此才不至于发生错误，也可免除不必要的麻烦。

（9）找城府深的人办事，要有所防范

城府很深的人一般都工于心计，他们在和别人交往时，总是把真面目藏起来，希望多了解对方，从而在交往中处于主动的地位，周旋在各种矛盾中而立于不败之地。这种人对事对人有自己见解，不到万不得已或者水到渠成的时候，他绝不轻易表达自己的意见。

和城府深的人打交道，一定要有所防范，不要让他们掌握你的全部底细，更不要被他们所利用，或陷入他们的圈套中不能自拔。

（10）对口蜜腹剑的人，要敬而远之

口蜜腹剑的人，又称“笑面虎”，“明是一盆火，暗是一把刀”。如果你遇到这么一位同事或朋友，不管做什么事情，含糊其词是最佳选择。但也要多留一个心眼，万一他对你做的事是一个圈套，你也不必当面翻脸，只需不断推诿，只说不做。

职场中若遇到这样的同事，最好的应付方式是敬而远之，能避就避。如果他想要拉近与你的关系，找一个理由立即离开，做事不要和他搭档。实在要合作的话，也要每天记下工作日记，做好明确分工。

3. 知心谈心，拉近感情

要想顺利办事，必须深入了解交际对象，了解对方的性格、身份、地位、兴趣，然后投其所好，避其所忌，攻其虚，得其实，这样办起事来才能进退自如，成功有望。

（1）不要忽视对方的身份地位

无论在工作中还是生活中，当对方的身份、地位不同，你说话的语气、方式以及办事的方法也应有所不同。如果不明白这一点，对什么人都一视同仁，就可能会被对方视为无大无小、无尊无贱。尤其当对方是身份地位比你高的人，会认为你没有教养，不懂规矩，从而不愿帮你的忙，或有意为难你，这样就可能使所办之事遇到障碍。

平常我们所说的“某某女人会来事”，很大程度上就体现在“见什么人说什么话”的才智上。这样的人不仅领导器重她，同事也不讨厌她，所以她们办起事来就比较容易。

（2）看准对方的性格行事

人各有其情，各有其性。有的人喜欢听奉承话，给他戴上几顶“高帽”，他就会使出浑身力气替你办事；有的人则不然，你一给他戴“高帽”，反而会引起他的警惕，以为你不怀好意；有的人刚愎自用，你用激将法，才能让他把事办好；有的人脾气暴躁，讨厌喋喋不休的长篇说理，跟他说话办事就不宜拐弯抹角。所以，求人办事前一定要弄清楚对方的性格，根据其性格投其所好，才有助于办事成功。

（3）观其行，知其心

通过对方无意中显示出来的态度、姿态，了解他的心理，有时能捕捉到比语言表露得更真实、更微妙的内心想法。

例如，对方抱着胳膊，表示在思考问题；抱着头，表示一筹莫展；低头走路、步履沉重，说明他心灰气馁；昂首挺胸，高声交谈，是自信的流露；女性一言不发，揉搓手帕，说明她心中有话，却不知从何说起；真正自信而有实力的人，反而会探身谦虚地听别人讲话；抖动双腿常常是内心不安、苦思对策的举动，若是轻微颤动，就可能是心情悠闲的表现。

懂得心理学的人常常通过一个人的肢体语言，揣摩其心理，达到自己办事的目的。

（4）让对方对你产生好感

求人办事，最重要的一个原则是让对方对你产生好感。

托人办事时如果一味地谈自己的事，并不停地说“请你帮忙”之类的话，会让人不耐烦。

假如想把自己的请求向对方说明，应该先摆出愿意听对方讲话的姿态。有倾听别人说话的诚意，别人才会愿意听你说话。

交谈的话题应该视对方的情形而定，再好的话题，若不符合对方的需要，就无法引起其兴趣，最好是想办法引起彼此共同的兴趣，才能聊得投机，然后再设法把话题引入自己所要办事的范围里。

一个善于求人办事的女人，通常很注重礼貌，用词考究，不会说出不合时宜的话，因为她知道不得体的言辞会伤害别人，即使事后想弥补也无济于事。如果你举止稳重，态度温和，言辞中肯动听，双方自然就能谈得投机，所托之事自然也容易办成。

4. 学会“透视”对方的真实意图

生活中，每个人的性格、爱好、想法等都不一样，我们办事所涉及的人也各不相同，有的人特别善于掩饰自己的真实意图，让人捉摸不透。这就需要我们有“透视”的本领，洞察其真实意图，然后尽量去顺应他，促使他打开心扉，说实话，办实事。

比如，在和领导相处时，应根据领导的性格特点及好恶，对自己的为人处世方式做一些必要的修正，以便赢得领导的好感。在此基础上，领导才有兴趣深入了解和考察你的才干，让你“英雄有用武之地”。

小芳为人热情大方，善于和各种各样的人打交道。在调到一个新单位后，她首先想到的是如何赢得领导的好感和赏识。经过一番调查，她得知领导喜欢干练的，于是以简约干练的形象出现在领导面前。

初步赢得领导的好感后，小芳打算发挥自己乐于助人、慷慨大方的优点，主动与领导交往，建立友谊。不料领导为人孤僻多疑，喜欢独处，对小芳的热情颇不习惯。小芳碰了几次壁后，决心改变策略，顺应领导的性格特点。

后来，小芳发现领导有一个最大的爱好——打乒乓球，于是，她苦练了一段时间的球艺，然后频频在领导常去的一家俱乐部露面，并且每次都是和领导对阵，切磋球艺。此举果然奏效，在球来球往中，领导渐渐放下了心理戒备，和小芳成了朋友，并了解到小芳身上的优点和才干，开始在工作中对她予以重用。

由此可见，充分了解对方意图，掌握对方心理，投其所好，是一门高超的处世艺术。这种“会来事”的人，他们办起事来往往得心应手，无论走到哪里都受人欢迎。

无论是伟大领袖，还是圣贤哲士、凡夫俗子，都会有自己的兴趣点，这些兴趣点都可以被人巧加利用。办事时，如果你能掌握对方的弱点，加以利用，一切都将得心应手，称心如意。

5. 善用心理战，掌控主动权

托人办事，攻心为上。这是一个最重要、最关键的求人谋略。

任何求人办事的行为，要想顺利进行下去，必须同时具备两个先决条件：第一，你自己愿意求诸他人；第二，他人愿意接受你的请求。从某种意义上说，后者比前者显得更重要，难度也更大。因为居于被请求地位的人，心态一般比较复杂。所谓攻心为上，其含义是指：你不仅需要准确了解对方的内心世界，还要在此基础上打动对方并进一步征服对方的心，使对方发自内心地信你、敬你、服你，甘心情愿为你效力。求人时要做到这一步，绝非易事。

三国时期，曹操利用徐庶孝敬母亲的特点，设计将他弄到自己身边。然而，他并没有真正赢得徐庶的心，得到的只是一个对他离心离德、一言不发的“废才”。

刘备三顾茅庐，均受到诸葛亮的怠慢，因为诸葛亮想以此考察刘备有无招贤纳士的诚意和虚怀若谷的美德。当刘备心志专一、礼贤下士的品德深深打动了诸葛亮的心后，这位隐居山野的“卧龙”先生，便欣然接受了刘备的邀请，出山助他振兴汉室，鞠躬尽瘁，死而后已。

上述两则古代用人故事，从正反两个方面说明了攻心谋略在办事中所起的重要作用。

通常情况下，人们希望遇到一个怎样的求助者呢？换句话说，他对求助者抱有哪些希望和要求呢？

根据心理调查资料分析，人们对求助者的企望和要求，按照由低到高的排列顺序，主要有以下四个层次的心理追求：

追求安全——希望求助者公道正派，光明磊落，不整人，不害人，不栽赃陷害。

追求温暖——希望求助者能关心自己的疾苦，体谅自己在生活和工作中遇到的各种困难，保证自己起码的工作和生活条件。

追求信赖——希望求助者能够充分理解自己、信赖自己，放心地让自己去处理所委托的事情以及一些极为重要的事，也能经常听取自己提出的合理化建议，并能够对自己说一些“知心话”。

追求事业——希望求助者与自己情趣相投，思想一致，能够为自己获得事业上的成功提供一些方便条件。

老练的求人办事者，不仅对他人在四个层次上的共同心理追求了如指掌，而且还对他们在不同层次上的特殊心理追求知之甚多。针对这些不同的心理追求，求人办事者可以因人而异，投其所好，分别采取不同的攻心谋略。

美国钢铁公司总经理卡里，有一次请来美国著名的房地产经纪人约瑟夫·戴尔，对他说：“老约瑟夫，我们钢铁公司的房子是租别人的，我想还是自己有座房子才行。”此时从卡里的办公室窗户望出去，只见江中船来船往，码头密集，这是多么繁华热闹的景致呀！卡里接着又说：“我想买的房子，也必须能看到这样的景色，或是能够眺望港湾的，请你去替我物色一所合适的吧。”

之后，约瑟夫·戴尔花了好几个星期的时间来琢磨这所合适的房子。

在许多合适的房子中，第一所便是卡里钢铁公司隔邻的那幢楼房，因为卡里喜爱眺望的景色，除了这幢楼房以外，再没有别的地方比它更好了。卡里似乎也想买隔邻这幢更时髦的楼房，据他说，有些同事也很看好这幢房子。

可是，当卡里第二次和约瑟夫商讨买房之事时，约瑟夫却劝他买下钢铁公司本来租用的旧楼房，同时还指出，隔邻那幢房子所能眺望到的景色，不久便要被一所计划中的新建筑所遮蔽，而这幢旧楼房还可以眺望江畔的全景。

卡里立刻表示反对，并竭力加以辩解，表示他对这幢旧楼房绝无兴趣。约瑟夫·戴尔并不申辩，只是认真地听着，脑中飞快地思考卡里的意思究竟是什么。

卡里始终坚决地反对买那幢旧楼房，但他反对的理由并不充分，很显然，这并不是出于卡里的意见，而是出自那些主张买隔邻那幢新楼房的职员的意见。

约瑟夫听着听着，心里也明白了八九分，知道卡里说的并不是真话，他心里真正想买的是旧楼房。

由于约瑟夫一言不发，静静坐在那里，没有反驳自己，卡里也就停下来不讲了。他们默默地坐着，向窗外望去，看着卡里非常喜欢的景色。

约瑟夫曾对人讲述他运用的策略："这个时候，我连眼皮都不眨一下，非常沉静地说：'先生，您初来的时候，您的办公室在哪里？'他沉默了一会儿才说：'什么意思？就在这所房子里。'我等了一会儿，又问：'钢铁公司在哪里成立的？'他又沉默了一会儿才答道：'也是在这里，就在我们此刻所坐的办公室里诞生的。'他说得很慢，我也不再说什么了。就这样过了5分钟，简直像过了15分钟的样子，我们都默默地坐着，眺望着窗外。

"终于，他以半带兴奋的语气对我说：'我的职员们几乎都主张搬出这座房子，然而这是我们的发祥地啊！我们差不多可以说是在这里诞生、成长的，这里实在是我们应该永远长驻下去的地方呀！'于是，在半小时之内，这件事就完全办妥了。"

没有利用欺骗或华而不实的推销术，也没有炫耀什么精美的图表，约瑟夫就这样完成了他的工作。

原来，约瑟夫集中全部精力考察卡里心中的想法，很巧妙地刺激了卡里的隐衷，使其内心的想法完全透露出来。他就像一个燃火引柴的人，以微小的星火触发熊熊的烈焰。

约瑟夫的成功，完全是因为他成功的运用攻心术。他感觉到卡里心中潜伏着一种他自己并不十分清晰的尚未觉察的情绪，是一种矛盾的心理。那就是，卡里一方面受职员的影响，想搬出这幢旧楼房；另一方面，他又非常依恋这幢楼房，仍旧想在这儿住下去。

卡里想在这幢旧楼房里住下去的理由，虽然他自己并不很清楚，但局外人却看得出，这幢有着他所熟悉、喜爱的景色的老房子，已经成为他生活的一部分，它能使他回忆起早年的创业和成功，因而充满“自信心”，这就是在他潜意识中依恋这幢旧楼房的原因。

约瑟夫之所以能做成这桩生意，就在于他研究了卡里的心思，并使用巧妙的攻心法解决了这个矛盾。

在孙子兵法中，“不战而屈人之兵”为上上策，即不经交战就使对方投降，此所谓攻心之法。如果你在求人办事时也能活学活用这个方法，定能收到良好的效果。

6. 做事贵在拙诚

《韩非子》中说：“巧诈不如拙诚。”“巧诈”是指欺狂而表面掩饰的做法。“巧诈”乍看起来，好像是机灵的策略，但是，时间一久，周围的人怀疑甚至远离的可能性会提高。相反，“拙诚”是指诚心地做事，行为或许比较愚直，但可以赢得大多数人的心。韩非子认为，与其运用巧妙的方法来欺骗他人，不如诚心诚意地对待别人。

诚然，拙诚的人也许不可能一下子就抓住人心，但是时间一长，他的诚意就会逐渐深入人心，赢得别人的信赖，从而获得事业的成功。正所谓：“路遥知马力，日久见人心。”诚心正是为人的重要原则之一。

有一家知名电器公司，开始只是一家乡下的小工厂，老板经常亲自出门推销产品。每次碰到砍价高手，他总是真诚地说：“我的工厂是家小厂，炎炎夏日，工人们在炽热的铁板上加工制作产品，大家汗流浃背，却依旧努力工作，好不容易才制造出了这些产品。依照正常的利润计算方法，应该是每件××元承购。”

听了这样的话，客户不由得开怀大笑，说："很多卖方在讨价还价的时候，总是说出种种不同的理由。但是你说的很不一样，句句都在情理之中。好吧，我就按你开出的价格买下来好了。"

这位老板能够成功，在于真诚的说话态度。他的话充满情感，描绘了工人劳作的艰辛、创业的艰难，语言朴素、形象、生动，语气真挚、自然，唤起了对方深切的同情。他的真诚，换来了对方真诚的合作。

拙诚的人貌似愚拙，却因其诚而赢得别人对他的信赖，从长远角度来看，拙诚的长远利益很丰厚。

某公司为了加强宣传力度，决定招聘两名新人。经过一番竞争，有两名大学生成了最终候选人。小林毕业于某名牌大学新闻系，为人机灵，头脑活络，很会"来事"。小姚是学中文的，所在学校没有小林的学校那么有名气，但她为人沉静、稳重。两人"各有千秋"，宣传部的负责人左右为难，一时难以取舍。最后公司总裁发话了，两个都留下，试用3个月再决定去留。

小林到底是学新闻的，耳聪目明，八面玲珑，很快就明白了领导"试用"的含意，他决定来个先声夺人、精彩亮相，让领导知道在搞宣传上，学新闻的终归比学中文的要更胜一筹。小林果然出手不凡，时间不长便接连在公司内刊上发表了几篇文章，让人感到他很有才气。公司领导也在私下里加以称赞。

一个多月过去了，小姚一篇文章也没有发表，公司领导问宣传部的负责人："小姚怎么没动静呀？""她把党办的杂事全包了，有时还到销售点送材料、收集资料，干得挺踏实。"宣传部负责人也实话实说。

这以后，小林仍然在忙着写稿子，文章也接二连三地发表，名气渐渐大了起来。而小姚仍然一门心思地干着那些日常琐事，俨然成了宣传部的"勤杂人员"，有时还给人递茶倒水，倒也讨人喜欢。此外，她一有闲暇，便翻阅公司以前的内刊，还时不时用本子摘抄着什么。一晃3个月就要过去了。根据形势的需要，公司党委决定对全体职工开展一次思想教育活动。宣传材料由小林和小姚负责，两人各写一部分，一个星期拿出初稿，半个月定稿。

任务下达后，小林只用3天时间就写好了，一副洋洋自得、踌躇满志的样子。而小姚直到最后一天下午才完成任务。

截稿当天，宣传部负责人在办公室里静静地审稿。小林的稿子虽然很有文采，但内容空洞，言之无物，更缺乏针对性。看来小姚的稿子更“没戏”了，宣传部负责人似乎已不抱什么希望，只是想走个过场，一目十行地“扫描”了一遍。然而，未曾料到，小姚的稿子令他眼前为之一亮，精神为之一振：“嗯，有点意思！还真不赖！”

原来，小姚通过对公司内刊的阅读，加之时常去各销售点了解情况，因此宣传材料写得思路清晰、有血有肉，且鞭辟入里。宣传部负责人不禁大为感慨，看来小林还是有些华而不实，这少言寡语的小姚倒真是有些墨水。后来，领导有什么事情都交给小姚去办，小林似乎被“晾”起来了。原本敏感的他，心情更加压抑，文章也写得少了，似乎已经江郎才尽。后来，小姚不仅留了下来，还成了宣传部的主管。

坚持“拙诚”而甘于守拙，不是消极防守，而是因为“拙诚”的优势具有后发性，守拙的实质是后发制人。虽然“拙诚”难免会受到各种“巧伪”浮华的诱惑和冲击，有时还会陷入一定的劣势，但在这种情况下，即使出现失利也是暂时的，最后的成功肯定离不开诚信的坚持和坚韧。当浮华散尽，“巧伪”被人们识破，“拙诚”的价值就会显现出来。

第七章

把握分寸不失度

第一节 寻求他人帮助的原则与分寸

1. 把握感情“投资”的分寸

著名的社会心理学家霍曼斯认为，人际交往在本质上是一个社会交换的过程。也就是说，互惠互利是人际交往的动机。长期以来，人们最忌讳将人际交往和利益交换联系起来，认为一谈交换就很庸俗，或者亵渎了人与人之间真挚的感情。这种想法大可不必。

实际上，我们在交往中总是在交换着某些东西，或者是物质，或者是情感。人人都希望交换对自己来说是值得的，希望在交换过程中得大于失，至少得失相等。“亏本”的交换是没有理由的，“亏本”的人际交往更没有理由去维持，不然我们就无法保持自己的心理平衡。

正是因为交往具有“交换”的意义，所以我们在人际交往中必须让别人觉得与我们交往是值得的。无论怎样亲密的关系，都应该注意从物质、感情等方面进行“投资”和考量，否则，原来亲密的关系也会转化为疏远的关系，使我们面临人际交往上的困难。

在我们积极“投资”的同时，还要注意不要急于获得回报。在现实生活中，大多数人在付出后没有得到期望中的回报时，就会产生吃亏的感觉，从而对自己产生怀疑、否定的情绪。

心理学家提醒我们，不要害怕吃亏。郑板桥的“吃亏是福”的拓片为很多人所推崇，然而真正领悟其中真意的并不多。很多人在交往中都是唯恐自己吃亏，甚至期待占到一点便宜。然而，“吃亏是福”自有其心理学依据。事实证明，适当“吃亏”是一种明智的、积极的交往方式，在这种交往方式中，由“吃亏”所带来的“福”，其价值远远超过了所吃的亏。这有两个原因：

第一，人际交往中的主动让步会让人觉得你很大度、豪爽、有自我牺牲的精神、重感情、乐于助人等，从而提高了你的精神境界。同时，这种强化也有利于增加自信和自我认同感。这些心理上的收获，不付出是得不到的。

第二，天下没有白吃的亏。跟我们交往的多是普通人，在人际交往中都遵循着相类似的原则。我们所给予对方的，会形成一种社会“存储”，而不会消失，一切终将以某种我们意想不到的方式回报给我们。而且，这种吃亏还会赢得别人的尊重，反过来将增强我们的自尊与自信。显然，吃亏将给我们营造一个更轻松的交往环境。而那些喜欢占便宜的人，每占了别人一分便宜，就丧失了一分人格的尊严，少了一分自信，长此以往，在人际交往中将无法找到立足之地。

企业家林达德在成功之前，既没有高学历，也没有金钱，更没有辉煌的家庭背景，但他却在商界获得了成功。有人向他请教成功的秘诀，他说：“我总是乐意向别人付出，因此也能得到别人的信赖和帮助。正是由此建立起来的良好人际关系，使我很快便走向了成功。”

起初林达德也很孤独，没有人乐意与他交往，因为他太普通了。在度过了一段寂寞的人生后，他逐渐悟出了一个道理：若要受到别人的欢迎，与别人建立良好的人际关系，就必须适当地让给别人一些“利益”。这些“利益”，有时是物质方面的，有时则是精神方面的。因为他在物质方面几乎一无所有，所以他牺牲的“利益”主要是精神方面的。平时无论多么忙碌，当有人来找他时，他都不会表现出厌恶或不耐烦的样子，更不会拒人于千里之外。若真的无法抽身，他也会婉转地表达自己的歉意，并在事后设法补偿。

林达德解释自己这样做的理由时说：“像我这样一无所有的人，如果想和别人建立起良好的人际关系，就不能不让对方感到与我交往是愉快、欢畅的。”

林达德很会体贴、关照别人，每当有人说要到他那里去玩，他都会表示欢迎，并希望对方能多住几天。无论他多么拮据、多么苦恼，也从不表现出来。他好像随时都在欢迎别人的光临，竭诚予以接待。别人回去的时候，他总会给人带点小礼物、土特产之类。

林达德总是尽力去满足别人的某些需求，而他这种不怕牺牲自我利益的做法，也使别人对他有所助益，从而满足了他的很多需求。

在不怕吃亏的同时，我们还应该注意，不要过多地付出、无谓地付出。过多的付出，对别人来说是一笔无法偿还的债，会给别人带来巨大的心理压力，让人觉得很累，从而导致心理天平的失衡。这同样会损害已经形成的人际关系。这样的例子屡见不鲜。我们常常听到有人抱怨："我对他那么好，付出了那么多，为什么他反倒开始不喜欢我了？"殊不知，正是因为付出太多，才损害了双方的关系。

所以，我们在与人交往时，一定要把握好"投资"的分寸，无论是物质上的投资还是感情上的投资，都要做到恰到好处。

2. 求人办事需有耐心

求人办事往往最需要耐心和勇气，往往需要多次找对方才能达成目的。但要注意一点，你这样一趟趟地"跑"时，一定不要让对方觉得你是来添麻烦的。那么，怎样做才不会让对方觉得麻烦呢？

（1）制造见面的机会

你可以找些其他事来做"掩护"，不经意地提起"顺便过来看看我们那事怎么样了"；或去一些对方爱去的场合，在他路过的地方跟他打个招呼；或在有影展、美术展、大型文艺晚会的时候，给对方送两张票；或者留意他企业里所需要的信息，对他还没有掌握而又非常重要的信息，不计时间和精力的代价给他送去。你这样常想着他，他还会嫌你的事麻烦吗？

（2）尊重对方的时间

无论在什么情况下与对方接触，都要尊重对方的时间。如果对方有时间，可以多谈，没时间就少谈或不谈。跟对方谈话时，如果对方突然有事，应主动退出，让对方先去忙别的事情。如果来了另一个人要和对方谈话，二人坐得很近或声音很小，表现出不愿让其他人听见的意思，应主动找个借口离开，回避一下。但出去后不要走得太远，要在能看见对方的地方等待，有时会等很长时间，甚至一直等到下班，你可能损失了一些时间，但对方肯定会用其他方式来补偿你。他会觉得欠了你什么东西，肯定不会烦你，而且会对你有个非常好的印象。

（3）礼多人不怪

尤其对作风比较严谨、身份较高的人，要非常客气，礼节宁多勿少，“今天又来打扰您了，不好意思”“又给你添麻烦了”，等等。

（4）从心理上愿意“跑”

有人认为，没有必要这么“跑”，从心里不愿这么做，因为这件事对双方都是有益的，请记住，无论你多有优势，无论这件事对他有多少好处，只要你想做成此事，就一定要“跑”，因为你不“跑”就办不成事。

开始时，你好像很被动，但这并不影响你的利益，这只是你的一种方法、一种手段，等对方认识到这件事对他有利的时候，他才会重视你，他会反过来找你。所以，你要控制自己的情绪，把握好分寸，才能由被动转化为主动。

所以，对那些对自己有利而又有困难的事情，辛苦一点是值得的。经验告诉我们，到办公室找你的人，对你往往没有好处，而你出去找别人办的事则对你自己是非常有好处的。你“跑”得多，付出的辛苦多，得到的就肯定多。当你付出了很多后，对方从心理上会倾向于相信、选择、帮助你，因为正是你的辛苦努力，才使他认识到事情对他有好处。

(5)催问别人时多用恳请语气

催问别人时要注意分寸，多用恳请语气，千万不可用责问句或命令句：“怎么还不处理呀？”“不是说今天就给我答复吗？为何讲话不算数？”“你们到底什么时候解决？”“这个月底前必须解决！”如果改换另一种询问的语气，效果会好得多：“能不能尽快处理”“可不可以帮我提前安排”。

千万不要有急躁情绪，要耐心、不厌其烦地登门拜访，提出你的理由和要求。别指望很快就能得到答复和处理，要有长期作战的心理准备。即使受了冷遇，碰了钉子，或者办事者发了火，也要沉住气，只要问题能得到解决，受点委屈也是值得的。

在催问时间的间隔上，要越来越短，次数上要越来越频繁，以引起办事者足够的重视。频频催问很可能会引起对方的烦躁，但只要你有礼有节，坚持不懈，就会带来转机。

3. 求同事办事的原则

人们在利用关系网办事时，总认为同事之间只存在猜疑和忌妒，实际上，这是一种错误的认识。在现代社会，一个人在家和家人相处的时间，跟在单位和同事相处的时间几乎差不多，一个会做事的人不应忽视同事之间的友谊和互助的力量。

同事关系是最直接、最便利的可利用关系，同事的关系网络也是你的关系网络，借用这张“网”，许多事都能轻松解决。

每个人在单位都有表现自己的欲望，求同事办事等于为他提供了一次表现个人能力的机会，即便遇到困难，他也会积极努力地帮助你；即便有时担心领导不满也得办，以此维护自己乐于助人的形象。因此，求同事办事不用存在任何顾虑，该张嘴时就张嘴。当然，张嘴时也要注意一些细节：

（1）以诚相待

同事之间了解得比较多也比较深，如果找同事办事藏藏掖掖、神神秘秘，不把事情说明白，容易使同事产生你不信任他的感觉。因此，首先要说明究竟要办什么事，坦言自己为什么办不了，为什么要找他。这样坦诚相见，同事若能办到，一般不会回绝。

（2）客套不能少

与同事之间的交流一定要客气，而且要以征询的口气与同事探讨，请他帮忙想办法。受到如此尊重，同事如果觉得你值得他去帮助，自然会自告奋勇地去办，几句客气话便可能省却了许多麻烦。办完事后，一般不要用钱来表示谢意，送一些精致、到位的礼品，再客气几句，说声谢谢就可以了。如果执意用钱来表示谢意，容易引起反感。

（3）不要强人所难

办事之前，应先了解同事的社会关系，以及他帮助你解决问题是否有难度，掌握了这些情况，你才能做到张口三分利，不至于让同事左右为难。

（4）尽量自己解决

自己能办的事尽量自己去办。不要一点小事就求同事帮忙，会让人感到你不尊重别人，不把同事的腿脚当回事，这样既可能耽误事，又影响了同事感情。

4. 求助上司应掌握的尺度

上司好比一棵大树，善于利用这层关系，将让你收获颇丰。当然，我们也不应该不分情况，不论大事小事，都找上司帮忙。否则，不但让上司认为你太缺乏能力，而且真正遇到需要向上司求助的事时，反而无法开口了。

比如，你家里需要买一个冰箱，如果找上司托人情，可能会便宜几百元，但这类小事显示不出上司的办事能力，贬低了上司的身价，又贬低了自己，得不偿失。

几乎每个人都有同情弱小、怜恤受难者的仁慈感情。女人找上司办事容易成功，有时恰恰是这种心理起了作用。一般来说，人们是不愿轻易去找上司帮忙的，因为上司总有盛气凌人的“架子”和一张冷冷的“脸子”，让下属难以与其亲近。

根据一般的社会经验，以下一些事情需要找上司出面办理和帮助解决：

一是与工作有关的事情。包括调岗、晋升、涨工资、分房子、调停与同事之间的矛盾、平息一些不利于自己发展的言论或舆论。这一类事能否办到，取决于你在上司心目中的位置。位置高了，他会把利益的平衡点向你倾斜；位置低了，则要付出更多心血才能把事办成，否则便只能充当一个旁观者。

二是与社会生活有关的利益。包括借贷、买卖、调节各类纠纷、参与婚嫁等各类事的协调，对各类被侮辱、被损害者的法律公断，以及某些同学、同乡、同事、朋友等托办的事宜，等等。办这类事，上司未必会直接出面和直接行使权力，但他们的间接协助有时也是非常有效的。

上述事情几乎都可以涵盖在“困难”二字之下，如经济困难、思想困难、情感困难、地位困难等。找上司办事，无非是托他们帮忙解决这些“困难”。是困难就有一些苦衷，要想把事情办成，最好的方法是让上司产生同情心，从而帮助你把事情办好。

要引起上司的同情，必须在人之常情上下功夫，把自己面临的困难说得入情入理，符合事实又急需帮助。这样，上司才愿意以拯救你于苦难的心态帮你办事，希望你终身对他感恩戴德。因为大凡能激发人的公正之心、慈悲之心和仁爱之心的事情，都能引起人们的同情和帮助，还能使人在帮助之后产生一种伟大的济世之感。

此外，要引起上司的同情，必须了解上司的好恶，了解他平时爱好什么，厌烦什么，又对什么比较敏感，了解他的情感倾向及对事物善恶清浊的评判标准。上司的同情心有时是诱导出来的，有时是激发出来的。如果上司对你的某个朋友有成见，认为他水平很差，不得志和受排挤不足为怪，那么，你要帮朋友解决常年在基层受压抑之苦，并想借此引起上司的同情，可能就是一件相当困难的事情。只有在没有成见的时候，才能产生同情心。

凡事都有一个“度”。事前多问问自己，要办什么事？为什么要办这件事？理由充分吗？诸如此类的问题摊到上司的桌面上，上司能理解你的苦衷吗？如果他能理解，问题可能也就迎刃而解。相反，如果没有得到上司的理解，甚至觉得你提出的要求过分了，事情成功的希望就很小。所以，获得上司的理解对能否把事情办成至关重要。

对此，你必须遵守以下几个原则：

（1）时间原则

最好选择在上司有空的时候和上司会面谈事。上司忙的时候，心情容易烦躁，不但不把你提出的事放在心上，甚至会认为你是个麻烦。而在时间宽裕的情况下，上司才会有耐心听你讲话，使你的事情受到重视，因而也就有利于把事情办成。

（2）场景原则

找上司谈事要考虑会谈的场所和环境。有的事要到上司的办公室里谈，有的事要到上司的家里私下谈。有的事谈得越隐私越有效果，而有的事越是让旁人听到越对成事有利。其奥妙就在于你所要求办的事的性质、分量和利害关系，以及上司的脾气秉性。

（3）引入原则

找上司办事要讲究话题的引入方式。有的需要直来直去，开门见山地和盘托出；有的则需要循循善诱，娓娓道来以渐入佳境，否则会让上司感到唐突冒失、刺耳烦心。一般而言，以下几种引入方式较为常用：

通过谈工作的事引入自己的事；

通过谈生活的事引入自己的事；

通过谈社会的事引入自己的事；

通过谈家庭的事引入自己的事；

通过谈上司关心的事引入自己的事；

通过谈自己关心的事引入自己的事。

（4）会说原则

要想把事办好，必须首先把话说好。说话要有逻辑性、条理性，让人听了觉得有理有据，而且要说得中听、动听，让人听了觉得不唐突。同时还要力争把话说得生动感人，让人听了为之心动。所谓“晓之以理，动之以情”，有情有理，情理交融，即便是铁石心肠的上司，也会被感动得甘愿出面为你办事。

（5）恭敬原则

人性的弱点决定了人是最禁不住恭敬的动物。对上司来说也是如此，你求他帮忙办事，恭敬他是理所当然的。你恭敬了他，他也会反过来重视你的事情，得到恭敬的人是不会放着对方的难题不管的。

5. 欲求一寸，先要一尺

在日常生活中，人们跨过门槛、登上台阶时，都知道要高抬腿，低落步。这种近乎本能的习惯，应用在说话办事中却是一个很巧妙的退让方法，也是一个办事原则。具体来说，就是用大要求来制造退让的假象，从而办成较小要求的事情。

求人办事，在办的过程中往往会因各种原因而打折扣，很少会超出你的期望值，因此，首先提出一个很大的要求，如果对方没有同意，再提出一个较小的要求，这时，对方因为没有同意你较大的要求而感到内疚，为了减轻这种内疚感，也许会同意这个较小的要求，用帮小忙来表示歉意。这和直接提出较小要求相比，别人同意的可能性会大大提高。

比如，想让贪玩的孩子每天回家只看一个小时电视，不妨说只允许他看半个小时，他再三要求后你答应了一个小时的要求，他便不会再闹了，因为你已经让过步了。

再如，在市场上，商家往往把商品价格标高，这样他可以慢慢让你讲价到他预期的价位。如此一来，买的人也觉得占了便宜，更容易掏钱购买。这种做法可能有些诡诈，但人们的心理习惯便是如此：不管你真的让步与否，你得让他感到你已经让了很大的步。

这个道理反过来用，也可以成为“欲求一寸，先要一尺”的退让方法。倘若你需要他人提供较多的帮助，不妨采用“登门槛”的技术，先请对方予以小小的帮助，然后拾级而上，要求他帮忙解决更大的问题。

心理学家曾对“登门槛”这种方法做了一番实际的调查研究，他们先挨家挨户找主妇在一份所谓“安全驾驶请愿书”上签名，几乎所有主妇都答应了这项不费多少心力的要求。几天后，他们又要求这些主妇答应在她们的私人庭院里立一块不太美观的大牌子，上书“谨慎驾驶”，结果有50%以上的主妇同意了。而另一组没有填请愿书，被直接要求立牌的主妇中，只有15%的人接受了这一主意。

对此，心理学家的解释是：同意提供小的帮助的人，等于给自己提供了这样一种自我感觉——自己是个乐于助人的人。接着，她们就会以一种与这种自我感觉相一致的方法去行动，进而有了更多的奉献。而答应了“一寸”之后，他会养成对你说“是”的习惯，对你“一尺”的目标也很难觉察。

如果最终达不到目标，我们应该抱着“一尺不行，五寸也可以”的态度，及时调整期望值，适当让步，让事情朝好的一面转化。

当你要某人接受你的意见、观点时，对方由于种种原因，往往产生抵触心理，因而否定你的意见。而退让的奥妙，就是在对方提出反对意见时及时退步，让对方感觉你尊重他的意见，使内心得到满足，从而达到说服对方的目的。

鲁迅在批评中国人的惰性时说过，如果有人提议在房子的墙壁上开一个窗口的话，势必遭到众人的反对，窗口肯定开不成。如果他提议要把房顶扒掉，众人则会退让，同意开个窗口。其实，这种心理是人类普遍存在的，我们可以利用这种心理，达到劝说别人接受意见的目的。

在社会活动中，由于人们都有坚持自己意见的顽固性，往往造成“取法其上，适得其中”的结果。为了“适得其中”，就需要提出一个更高的目标，而后作出妥协、退让的姿态，在对方的自尊心得到满足的同时，你的目的也就达到了。

第二节　以“礼”服人效率高

1. 礼不在多而在巧

礼物可以温馨地表示礼貌、尊重、关爱和情意，送礼不在乎多，而在于巧。如果送礼的功夫不到家，礼就送不出去，或者即使送出了，也达不到预期的效果。一个人要想成大事，学习和把握送礼的技巧是非常重要的。

（1）礼物轻重得当

送礼也是一门艺术，礼物的轻重不能仅以金钱来衡量。一般来说，送礼送的是一份关爱，一份情谊，正所谓“千里送鹅毛，礼轻情意重”，而不是给对方的物质援助或经济补贴。所以礼物应当小巧玲珑，价值不必过重。

尽管当今人情有物化的趋势，人们爱用礼品的轻重来衡量情义的浅深，认为礼轻情亦浅，礼重情才深，以至于我们谈“礼轻情意重”似乎有点不合实际。但是，别人也不会无缘无故接受你的重礼，他会觉得你所求的事情过大，因而在接受比较贵重礼品时会很慎重，甚至会拒绝你。如果主人不肯收，你的处境就很尴尬了，提走不是，不提走也不是，于是，你推我让，最后难下台的还是你自己。所以，礼物的轻重，一定要好好斟酌一番。一般来说，既让对方感到厚重，又给自己留下回旋余地的礼物，才是恰如其分的。

（2）礼物要有意义

求人送礼，不能盲目鲁莽，以礼压人，一定要了解对方的兴趣，有的放矢，巧妙安排，对方才易于接受礼物。

很多人常用记事本或在电脑里储存专用资料，对一些主要关系、重要人物的身份、关系以及爱好、生日都有记录，逢年过节及其他合适的日子，总有例行或专门的送礼行为，以巩固和发展自己的关系网。

礼品的选择，首先要考虑受礼的对象，区别对待。一般来说，对家贫者，以实惠为佳；对富裕者，以精巧为佳；对朋友，以趣味性为佳；对老人，以实用为佳；对孩子，以启智新颖为佳；对外宾，以特色为佳。

其次要考虑所办的事情和自己的心意。礼物是感情和心意的载体，礼物的价值最好与所办事情的大小相符，与自己的心意相符，这样才不至于给人一种大而无当或小而不当的感觉。最重要的是，你的礼物必须根据对方的兴趣爱好来选择，这样他才会觉得你的礼物非同寻常，并倍感珍惜。

总的来说，在选择礼物时，必须注意其艺术性、趣味性、纪念性等多重因素，但求别出心裁、不落俗套。

（3）送礼的时机与方式

送礼时，怎么送，什么时候送，其中大有学问。

在别人给你帮忙后，再将礼物送过去，对方会认为你这样做是理所当然的。如果还未拜托别人帮忙，却将礼物煞有介事地送去，受礼者的想法就会大不一样。因此，最好在求人时送价值少却有意义的礼物，在事情办完后送价值高一些的礼物。

送礼时应注意态度、动作和语言表达。平和友善、落落大方的动作，并伴有礼节性的语言表达，才是受礼方乐于接受的。过分谦虚地表示“薄礼！薄礼！只是一点小意思”或“很对不起……”，这种说法最好避免。在对礼品进行介绍时，应该强调的是自己对受赠一方所怀有的感激与情义，而不是强调礼物的实际价值，否则就陷入了重物而轻义的庸俗之中，甚至使对方有一种接受贿赂的感觉。

送礼一般不宜在公开场合进行，以免给人留下你们关系密切完全是靠物质支撑的感觉。那种做贼似的悄悄地将礼品置于桌下或房间某个角落的做法，也达不到馈赠的目的，甚至会适得其反。只有礼轻情意重的特殊礼物，表达特殊情感的礼物，才适宜在大庭广众面前赠送，因为这时公众已变成你们真挚友情的见证人。

（4）顾及习俗礼俗

应当尊重一些民俗中的观念，会让你事半功倍。

例如，中国普遍有“好事成双”的说法，凡是大贺大喜之事，所送之礼均好双忌单。但广东人忌讳“4”这个数，因为在广东话中“4”听起来就像是“死”，是不吉利的。白色虽有纯洁无瑕之意，但在中国，白色常代表大悲。同样，黑色也被视为不吉利，是凶灾之色、哀丧之色。红色则是喜庆、祥和、欢庆的象征，受到人们的普遍喜爱。另外，我国老百姓还常常讲究给老人不能送钟表，给夫妻或情人不能送梨，因为“送钟”与“送终”，“梨”与”离”谐音，是不吉利的。还要注意不能给健康人送药品，不能给异性朋友送贴身用品等。

2. 馈赠要有好理由

当你去探望、拜访别人，特别是探望老人、病人时，带点礼物也是人之常情。送礼本身是种礼貌、尊重、友谊的表示，它不是施舍，也不是给对方以物质援助，而是一种发自内心的感情表露，这种感情应是高尚而纯洁的。但现在人们把送礼的范围大大扩大了，送礼成了托人办事“走后门”的重要手段，而且送礼的讲究越来越多。

送礼者最头疼的事，莫过于对方不愿接受，或严词拒绝，或婉言推却，或事后送回，都令送礼者十分尴尬，弄得钱已花，事未结，赔了夫人又折兵。

因此，礼送得好，方法得当，会皆大欢喜；送得不好，让人挡回，触了霉头，定会堵心数日。只有巧妙掌握送礼的技巧，才能给整个送礼过程画上一个圆满的句号。

送礼送到心坎里，说到底也就是对症下药，在坚持原则的前提下投其所好。那么，怎样才能防患于未然，一送一个准儿呢？关键是送礼的理由是否充分找对“理由”，让对方接受和喜欢。

下面介绍几种送礼的最佳“理由”：

（1）借花献佛

如果你送土特产品，可以说是老家来人捎来的，分一些给对方尝尝鲜，东西不多，又没花钱，请他收下。这样一来，受礼者担心盛情无法回报的拒礼心态可得到缓和，会收下你的礼物。

（2）借马引路

有时你想送礼给人，而对方却与你八竿子打不着关系，不妨选受礼者的生诞婚日，邀几位熟人一同去送礼祝贺，那样受礼者便不好拒绝了。事后若知道这个主意是你出的，必然改变对你的看法。借助大家的力量达到送礼联情的目的，实为上策。

（3）移花接木

有时直接出击不如迂回运动能收奇效。

老张有事要托小刘去办，想送点礼物表示一下，又怕小刘拒绝，驳了自己的面子。老张的爱人与小刘的女朋友很熟，老张便用起了“夫人外交”，让爱人带着礼物去拜访，一举成功，礼也收了，事也办了，两全其美。

（4）先说是借

假如你是给家庭困难者送些钱物，有时他们自尊心很强，轻易不肯接受帮助。你若送的是物，不妨说，这东西在家里放着也是放着，让他拿去先用，日后买了再还；如果送的是钱，可以说拿些先花，以后有了再还。受礼者会觉得你不是在施舍，而是暂借给他财物，日后还可以归还，会乐于接受的，这样你送礼的目的也达到了。

（5）借路搭桥

有的时候，礼物也不一定要自己掏钱去买，因为在某些情况下，人情也是一种礼物。比如，你能通过某些关系买到出厂价、批发价、优惠价的东西，当你为朋友、同事买了这些东西后，已将你的那份情当做礼物收下了。这样一来，你未花分文，只不过搭上一点人情和工夫，收到的效果却与送礼一般无二。受礼者因交了钱，收东西时心安理得，毫无顾虑；送“情”者无本万利，自得其乐。这种避嫌、实惠的送礼方法，只要不损害别人的利益，不失为一种送礼的高招。

（6）锦上添花

有位学生平时受老师恩惠颇多，一直想要回报，却苦无机会。一天，她偶然发现老师家中红木镜框里的字画竟是拓片，与室内雅致的陈设不太协调。恰好她的叔父是位小有名气的书法家，她手头正好有叔父赠她的字画。于是，她马上把字画拿来，主动放在镜框里，老师不但不反对，而且喜爱非常。

由此可见，送礼时做到“雪中送炭”“锦上添花”都是良策。

第三节 寻求他人帮助的注意事项

1. 不要强人所难

有些求人办事的人，总认为被求者神通广大，办什么事只要金口一开、大笔一挥就可以办成。实际上情况并非如此，强人所难是办事的一大禁忌。托人办事应充分考虑对方能否办到，不要想当然，如果对方诚心诚意向你表示爱莫能助，就不能强求对方非给你办成不可。

有的人做什么事都只从自己的利益出发，根本不在乎别人有什么困难。一旦自己有事相求，就要求别人非答应他不可，非要闹出个结果来，往往既办不成事，又丢了人情。

小周有一次想求领导帮忙办一件事，于是频繁往领导家里跑，尤其是在下班以后，他不管领导愿不愿意，在领导家里一“泡”就是几个小时，和领导东拉西扯套近乎，领导虽然在谈话时笑脸相对，但事情最终还是没有办成。

这件事让小周感到很奇怪，这么多天下来，她已经和领导混得很熟了，事情应该很好办才对，没想到结果会是这样。

小周以为天天缠着领导不放能赢得领导的好感，事情会好办得多，殊不知，她的行为不论有心无心，都会让人感到厌烦。

求人办事本来就不是一件容易的事情，对方有权选择帮与不帮。有时别人不帮你，并不是不想帮你，也许他也有难言之隐，所以才不能帮你。这个时候，你要试着去理解别人的难处，而不是将对方没有帮你这一笔牢牢地记在心里，在下次别人找你办事时，你也以同样的方式对待别人，这是完全没有必要的。

小孙得知老同学赵卓的亲戚在自己的公司某部门掌权，便找到赵卓，希望能通过赵卓的关系调换岗位。赵卓见老同学相求，虽然有些犹豫，但还是答应了。赵卓问过亲戚后，亲戚说无法办到，赵卓便向小孙说明情况。不料小孙却认为赵卓没有尽力，立即拉下脸说："你真不够朋友，这么一件小事都不肯帮忙。"说罢便转身走人。

赵卓感觉自己费力不讨好，心里很不是滋味。他原打算讲完这件事后，还要说另一个和他关系不错的人也有可能办成这件事，但小孙的态度使他不敢再说这层关系了，他担心如果再办不成，不知小孙会怎样对待他。

小孙这种意气用事的做法，是托人办事时最忌讳的。当你有事需要求人帮忙时，朋友当然是第一人选，但也不能不顾朋友是否愿意。

比如，你想让朋友和你一起参加某项活动，朋友表现出犹豫的样子。这时，你再强行拉他同去，会让朋友左右为难。如果他已有活动安排，答应你就会打乱他的计划，拒绝的话又有点过意不去。或许他口头表示乐意，但心中已有几分不快，认为你太霸道，不讲道理。所以，当你对朋友有所求时，应该用商量的口吻，在朋友方便或情愿的前提下提出请求。

事实上，理解别人的难处，还有一个过渡形式，那就是换位思考。这种思维方式有很大的好处：商家一旦从消费者的角度来考虑他们的需求，商业利润将源源不断；老师一旦从学生的角度来考虑，讲课也将变得很容易；领导一旦从员工的角度来考虑问题，管理就会更轻松。求人办事也是如此，如果你能站在对方的角度想一想，就不会老是碰"钉子"了。

所以，当你不理解别人时，当你因为社交问题而苦恼时，试着从对方的立场思考一下，或许会有意想不到的效果。

2. 不可透支人情

求人办事多是在建立某种感情基础上进行的，自然是感情越深厚，事情越好办。

你也许有过这样的经历：当自己遇到了困难，认为某人可以帮自己解决，就想马上找他，可后来想一想，过去有很多时候本来应该去看他的，结果都没有去，现在有求于人就去找他，会不会太唐突了，甚至担心因为太唐突而遭到他的拒绝。这时，你不免后悔“闲时不烧香”。

人情这东西，很多时候是你通过帮别人忙和给别人办事而获得的。帮过别人的忙，别人就欠下了你的人情，帮助别人越多，别人欠你的人情就越多，反之亦然。因为这是人之常情。送人情就像你在银行里存款，存得越多，存得越久，红利便越多。所以，一个人动用人情的次数应尽量少，以免提早把“人情存款”取光。

小雨是个医生，两年前，她因孩子转学一事找同学帮忙，而且也送了礼，但同学没有收。但在接下来的两年里，那位同学多次带着亲戚、朋友到医院找小雨帮忙，有些事根本不可能办，如半价CT、婴儿性别鉴定、高价病房算低价等，着实给她出了不少难题。还了人情的小雨，后来想办法渐渐疏远了这位同学，再后来两人索性不再来往了。

由此可见，依靠人情办事是有一定限度的，透支了反而令人尴尬。同样，人情储蓄也不能即存即支。如果你急于在这笔人情账中得到回报，就犯了人情世故的大忌，很可能既丢掉了人情，丢掉了面子，也丢掉了做人的本分和进退的分寸。

生活中经常有这样的人，帮了别人的忙，就觉得有恩于人，于是心怀优越感，高高在上，不可一世。这种思维是很危险的，常常会引发负面的后果，也就是“帮了别人的忙，却没有增加自己人情账户的收入”，因为自己傲慢的态度把这笔账给抵消了。

永远记住：一种行为必然引起相对的反应行为。只要你有心，善于帮助别人，留意给人面子，多储蓄一些人情，你将获得更大的帮助、更大的面子和更多的人情。那么，怎样做才能既不透支人情又把事情办好呢？这就需要把握好以下几个分寸：

一是尽量把人情用在刀刃上。首先想清楚你和对方的交情究竟有多少，你们之间的人情究竟有多重，然后再掂量事情的分量，看看是否适宜找对方帮忙，千万不要没个轻重缓急。

二是做好估算，动用人情的次数要尽量少，以免提早把人情存款用光，否则便会“情到用时方恨少”。

三是不要“剃头的担子——一头热”，要想办法做些适度的回馈，让别人觉得你有“人情”。回馈有很多种，如主动帮对方忙、请吃饭、送礼物都可以。总之，不要把别人帮你忙当成应该的，有借有还，再借不难！

四是即使对方曾欠你一些人情，也不可抱着讨人情的心态去要求对方帮忙，因为这很可能引起对方的不快和反感。

五是对一些斤斤计较的人要特别注意，纵然你们交情再深，也不可轻易找他帮忙，否则这人情债会让你吃不消。

一个不管不顾、动辄求人帮忙的人，随着时间的推移，会慢慢变成一个不受欢迎的人。而对于主动帮忙的人，切勿认为这是从天上掉下来的馅饼，受之坦然。若无适当回馈，也是一种“透支”，而“透支”是需要付出一定代价的。

3. 放下你的功利心

英国著名作家奥斯卡·王尔德曾经说过：“世人都疏远了我，而他仍在我身边，这样的人就是我真正的朋友。”

生活中，对身份地位高于自己的人鞠躬作揖、对低于自己的人则露出一副傲慢姿态的大有人在。我们常常可以看到，有些人一旦见到比自己地位高的人，便满脸媚笑，恨不能双膝跪倒以示忠诚。人们把这种人称为“奴才”就体现了对他们的反感和厌恶。而这些“奴才”在地位比自己低的人面前，就会显示出“主人”的姿态来，当然，除了他的“同类”外，不会有人将他们当“主人”看，而且绝大多数人会对他们嗤之以鼻。因为这种人在生活中往往是以拍马逢迎为能事，而拍马逢迎是最令人反感的。

一天，小刘在家请客，客人包括部门经理和几位同事。圆桌上的酒菜已经摆不下了，可是，小刘的妻子还是一个劲地上菜，嘴上直说：“没有什么好吃的，请对付着用点。”小刘则站起来，把经理面前吃得半空的菜盘撤掉，接过热菜放在经理面前，热情有余地给经理夹菜、添酒，对其他同事只是敷衍地说声“请”。

面对这样“尊卑有别”的款待，小刘的几位同事觉得很难堪，其中两位未等宴席告终，就借口“有事”告辞了。

尽管人们的社会角色和社会地位不同，但都需要受到尊重，维护面子的精神需求是一致的。如果你忘记这一事实，在交际活动中，对重要人物礼加三分，将一般人冷落一旁，就会刺伤后者的自尊和面子，失去一大批帮助你的人。

上例中，小刘的眼里只有经理，而慢待他人，使同事的自尊心和面子受到了伤害，不仅没有增进主客间的友谊，反而造成了隔阂。

俗话说，三十年河东，三十年河西。人们通常喜欢结交当下看来就很有价值的朋友，但是，谁也不会知道明天会怎样。今天的付出，往往到明天才有收获，因此，凡事都要以平常心去面对。

彼特是美国一家律师事务所的律师，因一念之差，他投资的股票几乎尽亏。在走投无路的时候，他收到了一封信。信是某家公司的总裁写的，信中表示愿意将公司30%的股权转让给他，并聘请他为公司和其他两家分公司的终身法人代理。

彼特几乎不敢相信自己的眼睛，于是找上门去。这家公司的总裁是个四十开外的波兰裔中年人。“还记得我吗？”总裁问道。彼特摇摇头。总裁微微一笑，从办公桌的抽屉里拿出一张皱巴巴的5美元汇票，上面夹着的名片印着彼特的地址、电话。

原来，10年前，这位总裁在移民局排队办工卡，排到他时，移民局已经快关门了。当时，他还少5美元申请费，如果当天拿不到工卡，雇主就会另雇他人。就在他发愁的时候，彼特从身后递了5美元上来，他们还彼此交换了名片。

这位总裁成功之后，第一件事就是想把这张汇票寄出，但他一直没有这样做。因为他单枪匹马来美国闯天下，经历了许多冷遇和磨难。这5块钱改变了他的人生态度，也改变了他的命运。因此，他没有随随便便就寄出这张5美元的汇票，因为这5美元不再是金钱可以衡量的了。

故事中的彼特以5美元买的“原始股票”，得到了丰厚的回报。所谓“投之以木瓜，报之以桃李”，当朋友有困难或因为某些特殊情况而暂不得势时，我们不要用过度的功利心去交往，而应以平和的心去面对，这样我们获得的也许不仅仅是友谊。

大多数人都习惯向优秀出色的人靠拢，好像能与事业有成的人缔结关系，便可以巧妙地利用对方的气势成事。其实，在这种情况下结交的朋友，通常无法培育出可靠的人际关系。因为万事顺利、春风得意的人，人人都想与其结识，一方面他顾不过来，另一方面他也不愿与巴结他的人成为真正的朋友。

但是，如果你与那些暂时不得势的人交往，并成为好朋友，情况就完全不同了。这就跟给“冷庙”烧香的道理一样。一般人烧香都会选择香火鼎盛的庙，以为这种庙比较灵验，可以庇护自己各方面顺利如意。所以越是香火鼎盛的庙，越是吸引香客。人们趋炎附势的行为和烧香的行为一样，总是向当权者、当红者靠拢，同道的自然奉迎巴结，不同道的也要想尽办法拉上一点关系，就像人们走遍千山万水也要到某个名寺烧一炷香一样。

然而人生变化无常，一个人不可能永远一帆风顺，挫折、失势是难免的。当人们落难的时候，正是对周围的人，尤其是朋友的考验。困难时离你而去的人可能从此成为路人，而同情、帮助你渡过难关的人，则会让你铭记一生。

4. 感恩每一个帮助过你的人

一些人认为交朋友的目的就是为了“互相利用”，所以见到对自己有用、能给自己带来好处的朋友才愿意交往。她们在利用别人时好话说尽，事成后却半句问候也不言，让人觉得世态炎凉，伤透了心，从此对登门相求者不肯轻易应诺。

我国古代金榜题名的书生，衣锦还乡后，通常会举办“谢师礼”。我们在人际交往中也应该这样，学会感激为自己办事的人。事成后，找个时间向对方表示感谢，这种做法会让当事人心里暖烘烘的。

佛经上说的“佛法无边，不度无缘之人”，大概就是这个意思。缘，需要你自己去交结；天上不会掉馅饼。所以说，事成后登门致谢，是至关紧要的一环，其好处不言而喻。

感谢要讲究以下几点：

第一，要及时主动地表示感谢，以显示真诚。

第二，要诚实守信，许下的诺言不打半点折扣。

第三，要根据不同的对象，选择恰当的途径和方式。

第四，掌握好感谢的尺度，力求合理合情。

登门致谢不同于有事相求，不必重“礼”相加，只需多送几顶“高帽子”，多说几句感谢的话，温暖一下对方的心就够了。

表示谢意时，可以开门见山：“这件事多亏您从中帮忙，如今都办成了，我特意感谢您来啦！”一句话，让对方心中阳光灿烂，话题由此展开。少了点功利，多了份悠闲，彼此更容易沟通。还可以这么说：“上次让您帮忙，没少麻烦您，如今事情办得差不多了，我心里总觉得过意不去。这不，今天过来跟您坐一坐，聊一聊……”相信听了你的话，对方的心会很快被你捕获。

社交中，话怎么好听怎么说，事怎样得体怎样做。成功后的相处更能拉近彼此的距离，说不定会有意外收获。被求者在感动之余，有时不用你相求，便主动为你解决困难。因为你已经赢得他的信任，成了他的朋友，你的事就是他的事。

事成之后去感谢为你办事的人，一定要牢记胜不骄、败不馁的做人原则，知道自己是去登门表示谢意，而不是去炫耀自己以找心理平衡。

炫耀的做法，在人际交往中是万万要不得的。否则，你去叩100扇门，也会让你堵死100扇——你的“恶名”传出去后，原本可以为你打开的门，也会悄然关闭。

因此，求人办事成功后，要懂得收敛自己的得意自满，要变得更加谦卑、恭敬。如果把自己的位置摆得很高，跌下来会摔得更惨。把自己的起点定低些，把终点定远些，是最好的方式。

“画龙点睛”是说画龙时，最后才点眼睛，因为眼睛画好了，龙才栩栩如生。点不好，就是败笔，整条龙没有生气。同样，事情办成后向援助者表示谢意，是你整篇文章的最后一笔。好话说了很多，这几句也不要节省。“过河不拆桥”“卸磨不杀驴”，才是求人办事之道。

不要以“实用型”的眼光来看待人情，认为所谓的“人情”便是你送我一瓶酒，我给你几块钱，你帮了我的忙，我给你说了好话、送了礼，如同借债还钱，彼此两不相欠，何必搞得那么不近人情呢？如果有这样的想法，那就大错特错了。正确的做法是采用恰当的方法把这条路留住。

逢年过节，一句小小的问候，或打电话，或写短信；一张小小的卡片，捎去浓浓的情意，让帮助过你的人对你产生特殊的感情。人际关系的最基本的目的和技巧就是结人情，有人缘。

情谊才是最关键的，有了情谊方能左右逢源：求人帮忙是被动的，事成之后谢恩是主动的。如果你让别人觉得你会办事、能相处，求人办事自然会很容易，有时甚至不用你再开口。

第八章

以柔克刚巧示弱

第一节　以柔克刚巧示弱

1. 做一个说话温柔的女人

马克思曾说他最喜爱的女性的性格就是温柔。温柔的女性善解人意，当女人温柔到了极致，就是一种力量。温柔不是娇嗲，温柔有真假之分。娇嗲是一种故作姿态，而真正的温柔是一种发自女性内心的魅力，它不是声色，不是语言，是女人的力量和气场。

女性的温柔里面包含有关于爱的深刻的东西，是女人发自内心的善意，是女人对于世界、对于伴侣、对于子女、对于世界所展示的美好的东西。所以，常常有男人在择偶时说：可以不漂亮，可以不贤惠，但一定要温柔。

和一个温柔的女人在一起，她浑身散发出的温柔气息会让人在不知不觉中陷进去。

表面上看，那一抹娇羞的笑容，那一声轻轻的呼唤，都是那么纤弱，事实上，温柔的力量是不容忽视的，就像在海水咆哮的那一刻，你才惊觉水原来拥有淹没一切的力量。

历史上，许多英雄豪杰在战场上叱咤风云，其英勇几乎有“一夫当关，万夫莫开”之势，可是，只要美女们轻轻地亮一下温柔的剑柄，便使战无不胜的英雄男儿骨头酥软，魂飞天外，乖乖地做了俘虏，可见温柔的厉害。于是，便有了“英雄难过美人关”的名句。

古希腊神话里有一个英勇无畏的勇士。当他的城堡被敌人包围时，他举起大刀，冲在前面，但当他看见围攻他的敌人中有自己最心爱的女人时，顿时想起她的温柔以及对自己的诸般好处，于是束手就擒，不再抵抗。

祁女士是中关村的传奇人物。她在48岁那年毅然离开单位，成为中关村硅谷电脑城的掌门人。在54岁本应急流勇退的时候，她又一次选择了跳槽，担任北京诺瓦企业管理咨询有限公司（NOVA）的总经理。

她给人的印象是一个干练而睿智的“铁娘子”，举止之间总是透露出一股压倒一切的自信，说起话来干脆利落、斩钉截铁。丰富的人生阅历与中关村的商场风云在她身上交汇，使得她在处理事情时左右逢源，有一种大局在握、从容果断的大将风度。

作为一名女性职业经理人，尤其是作为管理全球最大卖场的北京诺瓦企业管理咨询有限公司的总经理，祁女士的身上似乎有太多属于“女强人”的刚性特征。有一次，她正在值班，卖场打来电话说：“您赶紧来吧，二楼和三楼的客户为一件事打起来了，还动了刀子。”她立马赶到现场，一下把闹事之人的脖领揪住，质问他要干什么。后来，有一个客户对她说，平日看你温文尔雅，今天就像一只母老虎。

但是，就是这样一个女人，在参加北大光华管理学院EDP开设的“女性管理者课程”后，给自己的人生带来了一个重要的转变契机。这一课程给她带来的最大收获，是女性意识的回归。她试图去探究女性温婉、细致、柔性的一面，并运用于企业管理。

她说：“在上课之前，我是很刚性的，所以，当时我们班的同学觉得我可能有点钢铁的味道。但我到了这个班以后，发觉女性管理者自有很多她们自己的优越性。所以我感觉作为管理者，男性要做到极致，女性也要做到极致，这是你的标准，你的属性。”

如今，在一些企业里，很多居于要职的女人因为作风趋于男性化，缺乏女人最起码的品性，被大家背地里称作“男人婆”。这个称呼虽然难听，却反映了一个问题，那就是：女人，无论你是什么身份，身居什么位置，你可以干练洒脱，可以独立坚强，但是你不能不贤淑温柔，否则便会与美丽无缘，即便你的外表十分出众。

温柔是上天为女人量身定做的服装。女人穿着温柔这件衣服，可以使自己在人生的道路上所向披靡。在现实生活中，还有很多女性，把温柔用于工作中，使自己在“山重水复疑无路”时获得“柳暗花明又一村”的奇迹。

温柔使女人变得善解人意，宽容大度，也使她们更有人情味，更能理解别人的无奈和苦衷，在这种情况下，胜利不属于她们，还会属于谁呢？这就是温柔的力量，没有声势，没有咄咄逼人，甚至悄无声息，却强大无比，无可抵御。

正是凭借这如水的温柔，才让女人既可以做一位柔情四溢的妈妈、一个贤惠的妻子，也可以拥有自己深爱的事业，成为身兼多职的成功女人。有了温柔的力量，女人变得智勇双全，在人生的道路上攻克各种难关，所向无敌。

2. 女人味是“妆”出来的

拥有“女人味”并非易事，没有一定的文化底蕴、修养层次、人生阅历，无法烹调出醉人的味道。身段柔和、如瀑黑发、似雪肌肤的女人，加上湖水般宁静的眼波、玫瑰样娇美的笑容，其女人味就会扑面而来。总之，清新雅致、恰到好处的妆容，是女人味的典型仪表。

心理学家曾做过这样一个有趣的实验：把10张小女孩的照片给受试者看，其中容貌漂亮又穿着讲究的有8名，另外2名不仅容貌略逊色些，衣着也不够得体，甚至有点寒酸。心理学家告诉受试者：这10个人中，有一个是小偷，请他们判断谁最有可能是“少年犯”。有趣的是，80%的受试者在长相差、衣着不入时的2个少女的相片中画了对号。

这个实验证实了人的偏见是相当强烈的，心理学家将其称为“心理定势”。这种定势效应，告诫人们要注意接触的最初几分钟，这几分钟所产生的第一印象是非常重要的。

充分把握“心理定势”，想使其对自己有利，就必须注意仪容。

恰到好处的妆容似乎是所有女人的向往。掌握一些方法并不难，无论选择运用怎样的化妆术，重要的是适合你的性格、职业、气质，只有与你本人的特点相融合，才能起到最佳的妆饰效果，把女人的风韵表现得淋漓尽致。

（1）长发风情尽显女人味

发型是女人最关键的装饰部分，不同的发型会产生不同的效果。一个发型，一种心情，长发可以让你在任何时候都女人味十足！

一直以来，人们对美女的遐想常常与秀发联系在一起，所以，“女人味”除了温柔的性格、善待他人的心、动听的声音、婀娜的体态，还需要一头如水的长发。

小丽自18岁那年剪掉一头瀑布般的乌黑长发以后，“干练、利落、洒脱、英俊”等词语便伴随她走过了整整7个年头。

通常情况下，她都是一身男女同款的休闲装，旅游鞋，加上骨感十足的身材，如果不仔细看，还真分不清她的性别。虽然很多人也喜欢她那身帅气的打扮，但是慢慢地，她发现了一个自己很不愿意看到的现象，那就是很多男士都把她当哥们。更让她受刺激的是，有一次，她到足浴房去洗足浴，服务生居然冲着她喊：“先生，晚上好！”“先生，走好！”换拖鞋的时候，还拿给她一双又大又黑的男式拖鞋。

那天晚上，小丽失眠了，她想自己再也不能这样了，应该改变一下自己，25岁正是女人味最足的时候，自己却被人们当成男人，太可悲了。何况自己现在仍名花无主，总是一副“帅哥”模样，哪个真正的帅哥会爱上自己啊！

于是，她开始向别人请教怎样改变形象，才能让自己更有女人味。一些男性朋友建议她把头发留长，并委婉地告诉她：绝大多数男人都喜欢女孩子长发飘飘，那样比较有女人味。一语惊醒梦中人，小丽决定把短发留长。

整整两年过去了，小丽的头发终于有一尺有余了。她选了一个好日子，走进理发店，请专业人士为自己修理一下，并且做一个适合自己的发型。发型做好后，连她自己都不敢相信前年那个标准的“小帅哥”，一下就变成了女人味十足的贤淑女人。

上班的时候，同事看到她后都惊讶不已，有的甚至没认出她来，大家都说：“原来装扮女人味要从‘头’开始啊！”

（2）腮红：让脸庞娇美欲滴

腮红使用后会使面颊呈现健康红润的颜色，更能突出女性的妩媚和韵味。如果说眼妆是脸部彩妆的焦点，口红是化妆包里不可或缺的要件，那么，腮红就是修饰脸型、美化肤色的最佳工具。

（3）美眉：尽情彰显女人味

人们常说眼睛是心灵的窗口，可见眼睛的重要性。但眉毛作为眼睛的重要修饰，也不能掉以轻心。

首先要根据脸型选择适合自己的眉形，用眉刷沿着眉毛生长方向刷好眉毛，然后用眉笔淡淡画出与眉骨相对应的眉形线，用眉钳沿着眉形线修整，拔去杂毛。眉头和眉尾的宽度应大体相等，眉尾稍细一点。眉毛不可修得太细，否则看起来会很不自然。修好眉毛后，用眉笔轻描，眉毛稀疏的部位要一根一根地画，切忌一笔画下来。

没有完美的通用的眉形，只要符合自己的脸型与气质就是最合适的，合适的眉形能够衬托出眼睛的光彩，使你更具神韵。

（4）纤纤玉指：女人的第二张脸

纤纤玉指，既是女性健康美丽的标志，也是令人动心的一道靓丽风景。

每一个追求完美的女性都希望自己拥有一双纤纤玉手，于是，不同牌子的护手霜、润肤霜不停地使用，只为了保持自己的双手如同婴儿般细嫩柔软。其实，如同肌肤一样，你的手也有感到“口渴”和“饥饿”的时候。平时工作很忙，到了星期天，就应该为自己的美丽工作起来了，你可以先静一下心，用愉快的心情配上柔曼的音乐，试着为自己的手补充适量营养。

（5）香水：隐约飘散女人味

女人身上那股若有若无的香味，正是女人味的无形装饰品。每个女人都会和某一款香水契合，这和人与人的相遇一样，是需要缘分和机遇的。在你找到自己真正喜欢的香水之前，可尝试各种不同的香味，总有一天，你会找到最适合自己的那一款香水……

此外，香水如同服饰，应依照场合、季节和目的的不同来选择，因为香水在某种程度上代表了女人的品位。

（6）款款皮包秀出女人味

包对女人来说犹如精美装饰画上的神来一笔，可以给人无穷的想象力，增添女性妩媚的丰姿，彰显个人风格。

无论怎样的场合，女人都离不开她心爱的包，不同的皮包可以展示出不同的女人味。比如，展露智慧女人风范的小拎包，散发着淡淡优雅女人味的民族包，以及走在时尚前沿的休闲包，每种包都有一种风情，体现着女人的品位与风情。

3. 打造良好的仪态举止

常言道：爱美之心，人皆有之。不论是“窈窕淑女，君子好逑”，还是“东施效颦”，都说明人们对美女有种与生俱来的钟爱之情。但美人的“美”，究竟“美”在何处，又“美”得了多久？真正的美人，难道仅仅是仰仗着秀美艳丽的皮囊，或者是一副婀娜轻盈的身骨？答案当然是否定的。

女人的美不仅在于容貌，更重要的还在于举止、姿态及风度。

风姿绰约，指的就是女人美丽的仪态。风姿绰约的女人看起来是健康的，也是优雅的，这种由内而外散发的气质是女性美的一种展现。这样的美是一种整体感受，一个美貌绝伦、身材曼妙的女人，倘若萎靡不振或者言谈粗鲁无礼，气质就根本无从谈起。也因为如此，总有一些女人年近古稀仍气度不凡、谈吐优雅、仪态万方，让人感慨：“岁月从不败美人”。

仪态举止是一门艺术，不仅反映着一个人的精神状况，也是雅俗的准确标尺。在政务、商务、休闲娱乐及社交场合，女人的仪态举止不仅体现着她的文化修养，同时也可以反映出她的审美趣味。女人穿着得体，举止得当，才能给人留下良好的印象，赢得他人的信赖，而且还能提高自己与人交往的能力。相反，穿着不当，举止不雅，则会损害自身形象。

小于是一家IT公司的首席公关，公司的人际往来、形象推广、融洽说服等事务都少不了她。她不仅人长得漂亮，而且举止优雅得体，办事稳妥，深得客户的好评。

小于之所以有这番成就，源于她参加的一个礼仪培训班。当时，小于还在上大学，学校团委举办了一个小型的礼仪培训班。在小于看来，礼仪无非就是礼貌，哪里需要兴师动众地举办什么培训班。但为了一探究竟，她还是参加了这次培训。

结果，这次培训让小于受益匪浅，她坚持上完了最后一课，学到了很多举止礼仪方面的知识。这些知识看似琐碎，却为她后来成为一流的公关人员打下了坚实的基础。

对于女人来说，姣好的面容、美妙的身段是上苍的恩赐，但若陶醉在外在美丽的光环下，只会让人变得越来越肤浅。一个美丽的女人必须拥有不凡的仪态举止，仪态得体才能称得上是一个真正的气质美人。

打造良好的仪态举止，不能忽略对坐姿、站姿、走姿以及蹲姿的要求。

（1）坐姿

在各种正式场合都得“坐如钟”，即坐得端正、稳重、温文尔雅。这是坐姿的基本要求。若与人亲切交谈，坐姿则讲究自然、曲线美。

在公共场合入座时，女人一般应该从椅子的左边入座，入座时要轻、缓、稳，动作协调柔和，神情从容自如。倘若穿裙子，坐好后要将裙摆放好，坐的时候不要交叉两脚，而要并靠两脚，向左或向右一方稍倾斜旋转。

落座后，应该双目平视，面带微笑，挺胸收腹，双肩平止放松，上身微向前倾，手可以自然放在双膝上，也可以放在桌子上或沙发两侧的扶手上。坐椅子时，一般只坐椅面的2/3，脊背轻靠椅背。倘若端坐时间过长，也可以将身体略为倾斜。

需要注意的是，在采用坐姿时一定不能半躺半坐、前仰后倾、歪歪斜斜。坐着的时候，两腿不要伸直跷起或过于分开，跷二郎腿、摇晃双腿更是不可取。两只手也绝对不要夹在大腿中间，或者垫在大腿下，这些不雅的坐姿会给人留下不好的印象，是不礼貌的表现。

起立时，右脚先向后收半步，然后站起。起身时，应该从椅子的左边站立，这是一种礼貌。如果要挪动椅子，应该先站起来挪动椅子，然后再坐下，千万不要坐在椅子上移动，那样也是有违社交礼仪的。

（2）站姿

女人的标准站姿应该是：抬头，挺胸，收腹，肩膀尽量往后垂，将身体重心放在脚后跟上，站的时候看上去有点像字母T，舒服、自然，显得镇定、冷静、大方。

（3）走姿

正确的走姿应该是：抬头，挺胸，收腹，肩膀往后垂，手轻轻地放在两边，轻轻地摆动。步伐要轻，要稳，绝不能拖泥带水。

（4）蹲姿

蹲姿要优美、典雅，要做到一脚在前，一脚在后。向下蹲的时候要两腿靠紧，前脚全脚着地，后脚跟提起，脚掌着地，臀部要向下。另外，蹲着的时候不要低头、弯腰，更不要弯上身，也不能翘臀部，这些姿势都是十分不雅的。

举止礼仪的知识十分琐碎复杂，这里仅列举一二。想要深入学习的女士不妨为自己报一个礼仪培训班，细致、科学的培训一定可以让你学到很多气质、举止、谈吐方面的知识，帮助你成为一个真正优雅自信的美丽女人。

4. 用优雅提升气质

气质是女性美的重要因素。它是一种高层次的美，比一切外在的美更有生命力，让人一见难忘，回味无穷。从而使女人得到自信，得到意想不到的好运。

容貌、服饰、身体是魅力的外形，而学识、阅历、修养则是气质的内涵。一个智慧的女人，懂得用气质放大生命的魅力，不断充实自己的美丽！

走在街上，外表漂亮的女人到处都是，但如过眼云烟，转瞬即忘。而有的女人虽不漂亮，却给人一种不同的惊艳，令人驻足回眸，难以忘怀，这是因为她有独特的武器——气质魅力。

女人在不同的年龄段都有特定的魅力：20岁的清新，30岁的含蓄，40岁的豁达，50岁的精炼。美，不能仅仅局限于外表，因为外表的美是肤浅的，只有内在的美才是深刻的。

有人曾把女人爱美归纳为3个境界：第一个境界是化出来的美，没事常跑美容院；第二个境界是吃睡出来的美，改善饮食，保证睡眠；第三个境界是学出来的美，多读书，多积累知识，让美从内心里渗透出来。女人要保持长久不衰的气质，只有多读书，读好书，不断完善自己，提高自己的综合素养。

伯顿说："女人身上有某种超越所有人间之乐的东西：富有魅力的美德，令人销魂的气质，神秘而有力的动机。"气质是女人身上开出的一朵花，有了它，你无须再拥有其他的东西；缺少它，你就是优点再多也聊同于无。

一个天生外貌不够漂亮的女人，如果努力修养气质，也可以成为一个很有魅力的女人，甚至随着岁月的推移，有气质魅力的女人更受人喜爱。比如，有一个著名的电视节目主持人：她不够漂亮，而且已不再年轻，但她靠着语言的魅力、性格的魅力、涵养的魅力、才华的魅力等，她的节目依然有很高的收视率，也给许多不漂亮的女人带来了希望与自信。

气质会使年龄的增加变得不再那么让人恐惧。年轻的女孩如果仅仅是单纯可爱，还称不上有女人的魅力。这就像路边的小野花，盛开时还好看，一旦干枯或蒙上灰尘便毫不起眼。许多女人在年轻时还清纯可爱，年纪稍大就变得俗不可耐，言谈举止之间毫无气韵可言。

但是，有些花是可以在含苞时、盛开时，甚至干枯时都很美的，比如玫瑰花，在干枯后颜色褪尽时仍然散发芬芳。有一位女教师就是这一类女人。她55岁时，从外表上看已经是一位老人，但她的谈吐、神情，甚至她身上每一个毛孔都散发着不可抵挡的魅力。

有气质的女人，不仅对男人有吸引力，对女人同样也有吸引力。那么，我们从哪些方面可以看出女人的气质呢？

（1）女性的羞涩能显示气质

“犹抱琵琶半遮面”“插柳不让春知道”，女人羞涩的神韵，尤能刺激人们丰富的想象力，甚至让人着魔入迷，如醉如痴。羞涩感使女人增添了无穷的魅力，更闪耀着人性美的光辉。

羞涩像丽日下深藏在碧绿荷叶中的莲花，纯情地散发着柔光。它以未曾泯灭的童贞为基础，是一种单纯、天真的流露，是善良、诚实人格的真实反映。羞涩是女性气质中特有的东西，在东方女性身上体现得尤为明显。

（2）朱唇贝齿轻启，嫣然一笑能体现出女性的气质美

自古就有“千金一笑”“一笑倾城”的典故，而“朱唇未启笑先闻”“回眸一笑百媚生”等诗句，也把女性在微微一笑中展示的魅力刻画得淋漓尽致。微笑使美丽的女人更加风情万种，难怪周幽王为博褒姒一笑，不惜烽火戏诸侯。

（3）善解人意是女人气质的组成部分

能及时发现和化解别人的忧伤与悲哀，是女人的天性，这种排解忧伤、抚慰受伤的心灵的能力源于无私的母性。善解人意的女人会默默听你诉说自己的不幸，为你沏上一杯热茶，让你疲惫的心灵得到慰藉。当你能让别人从你身上体会或得到这种体贴和安慰时，他对你的依恋就不可或缺了。

（4）女人悲伤哭泣能体现女性的气质

女人的眼泪就像春天的细雨，使世界滋润丰盈。文学作品中常用“断线的珍珠”来描述女性的眼泪，可见其珍贵。红楼梦中的《枉凝眉》唱道：“想眼中能有多少泪珠，怎禁得春流到冬，冬流到夏……”把女性的哀婉刻画得如泣如诉。女人的眼泪是水做的匕首，温柔而又尖锐。在这个世界上，不怕女人泪水的男人和不流泪的女人一样少，哪怕他是铁马金戈、刀枪不入的汉子，在女人的眼泪面前，心都会柔软得如一汪水。

甚至哀怨也能体现女性的气质。唐诗三百首，篇篇为情愁；翻开厚厚的宋词，从“两送黄昏花易落”的唐婉，到“人比黄花瘦”的李清照，哀怨之情溢于言表。

两位同窗，毕业时因天各一方而情断天涯。男同学说：“我这辈子都不会忘了她那忧郁的眼神……”多年后，同学聚会，笑问他现在感觉如何。看着现在生活惬意、一脸幸福的女同学，男同学居然说：“我心中那个凄楚动人的姑娘不见了！”

（5）表现高贵，从容自在也能体现女人的气质

女人的高贵并不是指多么高端的消费，而是指心态上的高贵。男人最反感放荡轻浮、兴致低俗的女人。生活中，男人可以是女人的护花使者，但女人本身要给男人提供一种信心——这种信心就是让男人放心，而且乐意为你托付爱。《茶花女》中的主子爱上女仆，只因女仆气质高贵又有十足的女人味。这种女人往往会给男人生活的信心和勇气，因为她们的生命里潜藏着一种净化男人心灵、激励男人斗志的人性魅力。现代女性要做到不媚俗、不盲从、不虚华，自然少不了要有这种让男人备加欣赏的高贵气质。

女性的气质是个谜，它的谜底在于个性，不同的个性具备不同的风度和气质。气质是综合了德、行、才、貌、能的个性修养。

一个聪明的女人，应该懂得气质的地位与作用，并着力修炼和展示自己的气质美，虽然这需要付出艰苦的努力，但却是非常值得的。

第二节　善用女性的魅力

1. 微笑是最好的名片

微笑是最通用的国际语言。女人一笑百媚生，所谓“一笑倾人城，再笑倾人国”，这种表情具有强大的力量。

一位学者说：“对人微笑是高超的社交技巧之一，也是获得幸福的保障。只要活着、忙着、工作着，就不能不微笑……”笑对女性来说尤其重要，可以带来良好的人际关系。

在一些不熟悉的场合，当别人友好地看着你时，你报以微微一笑，人与人之间的关系就不会显得紧张，反而会变得自然。这种笑属于淑女型，易使人产生好感。一项调查显示，在询问数百位男士“你最喜欢的女人脸部表情是什么”时，绝大多数人的答案是——微笑。

津巴布韦的乔伊夫人在巴克莱银行负责公共关系。她的办公桌就设置在银行大门内进口处的右边。她总是面带微笑，不厌其烦地解答顾客遇到的各种问题。在她的办公桌上，有一篇用镜框镶起来的题为“一个微笑”的箴言：

“一个微笑不费分文但给予甚多，它使获得者富有，但并不使给予者变穷。一个微笑只是瞬间，但有时对它的记忆却是永远。世上没有一个人富有和强悍得不需要微笑，世上也没有一个人贫穷得无法通过微笑变得富有。一个微笑为家庭带来愉悦，在同事中滋生善意。它嫣然地为友谊传递信息，为疲乏者带来休憩，为沮丧者带来振奋，为悲哀者带来阳光，它是大自然中去除烦恼的灵丹妙药。然而，它却买不到，求不得，借不了，偷不去。因为在被赠予之前，它对任何人都毫无价值可言。有人已疲惫得再也无法给你一个微笑，请你将微笑赠予他们吧，因为没有一个人比无法给予别人微笑的人更需要一个微笑了。”

微笑具有挡不住的魅力，多少人曾为蒙娜丽莎的微笑而感慨。女人的微笑是世界上最美的表情、最动听的无声语言、社交中最有力的武器。要想在社交中成为主角，就必须牢牢地把握住最有力的武器——微笑。

法国作家雨果说：“笑，就是阳光，它能消除人们脸上的冬色。”叔本华也曾说：“笑口常开者幸福如春。”微笑的表情，是诚意和善良的象征，是愉悦别人的一种良好形象，同时也是引起兴趣和好感的催化剂。

因此，如果女人能保持由衷的笑容，不仅有益于身心健康，而且有助于事业的成功，用武侠作家古龙的话说：“笑得甜的女人，将来运气都不会太坏。”

（1）笑容赢得好工作

佩佩去参加联合航空公司的招聘。她没有关系，没有熟人，也没有先去打点，完全是凭着自己的本领去争取，结果她被聘用了，原因是她的脸上总带着微笑。

在应聘过程中，令佩佩惊讶的是，主试者在讲话时总是把身体转过去，背对着她——不要误会，并非主试者不懂礼貌，他是在体会而不是看佩佩的微笑，因为佩佩是通过电话工作的，她负责有关预约、取消、更换或确定飞机班次的事情。

最后，那位主试者微笑着对佩佩说：“小姐，你被录用了。你最大的资本就是你脸上的微笑，在将来的工作中你要充分运用它，让每一位顾客都能从电话中体会出你的微笑。”

适当的笑能够展示女人的人格魅力，笑容让佩佩赢得了一份好工作。

（2）笑容胜于美容

如今，有关美容、整容的广告铺天盖地，有些本身就很标致的女人也试图通过后天的努力，将自己打造得更加完美。当相貌无可挑剔之时，又去雕塑体型，追逐完美永远没有尽头！殊不知，女人脸上那发自内心的笑容才是最美的。

笑容对职业女性非常重要。如果你是领导，笑容可以增加你的亲和力和人格魅力。有哪个人愿意看见女领导大声训斥下属，天天给下属脸色看呢？如果你不是领导，同事之间的友谊之花则大多开在随和的"笑面娃娃"身上。谁希望抱着一盆火去和你交流，换来的却是一盆子的冰呢？领导也好，下属也罢，笑容代表的不仅仅是你的内心，也体现着你对工作的热情。或许你的"坏脸色"来自别的方面，但同事看到后却会认为你就是个"冷美人"，难以交流、相处。

人人都愿意亲近能给自己带来快乐的人，生活中亦是如此。我们出去逛商场、买东西，如果碰上一个态度不好、满脸怒气的女售货员，一定会发自内心地排斥她，暗暗发誓再也不到她这里来买东西。

女人的微笑不但可以给别人带来轻松愉悦的感觉，而且对自己的心境也有着积极的作用。每天对着镜子里的自己笑一笑，告诉自己是这个世界上最好的女人，无论在生活中遇到什么事情，自己都要善待自己，就算看不到别人的笑容，也会天天看见镜子里自己的笑容，给自己信心，给自己勇气，给自己快乐！

因此，女人与其把大量的精力放在美容塑形上，倒不如把时间用在培养自己的好脾气、好性情上，让自己的脸上每时每刻都洋溢着自信而善意的笑容，那将是对容颜最美的修饰，因为它包含着无限的善意和真情。

2. 提升人格魅力，让你处处受欢迎

散发出光芒的人格魅力，是女人办事的法宝。一位领导如果没有人格魅力，就无法得到下属的尊敬。而一个女人如果没有人格魅力，就无法得到别人的喜爱和信任。

何谓人格魅力？要弄清这个问题，首先要弄清什么是人格。人格是指人的性格、气质、能力等特征的总和，也指个人的道德品质和人的能力作为权利、义务主体的资格。而人格魅力则指一个人在性格、气质、能力、道德品质等方面具有的能吸引人的力量。

在人际交往中，人格魅力是一种独特的力量，能吸引别人向自己靠拢。英国作家巴里曾经说过："人格魅力仿佛是盛开在女人身上的花朵。有了它，别的都可以不要；没有了它，别的都起不了作用。"可见人格魅力对女人的重要性。

在现实生活中，我们时常看到有的女人似乎特别幸运，她们无论走到哪里都十分受欢迎，这并不是因为她们更加漂亮或者聪明，而是因为她们身上具有某种吸引人的品质。同时，也正是由于这种真正的人格魅力，使她们身上像有一个奇特的磁场，总能把别人牢牢地吸引在她们的周围。

个人魅力是一种神奇的资源，能让一个外表平凡的女子焕发出动人的光彩。有人可能注意到，那些法国沙龙里的女主人通常不是很年轻，但她们的个人魅力却能使头戴金冠的国王相形见绌。在很多场合，当人们的谈话陷入僵局之时，这种聪慧的女子能轻而易举地使整个局面改观。也许她们并不美丽，也并不年轻，但她们能将每个人的目光都吸引过来，成为众人追捧的对象。

拿破仑·希尔指出："有魅力的女人，人人都爱和她交朋友。和有魅力的人相处总是愉快的。她好像雨天的太阳，能驱逐昏暗。良好的个人魅力是一种神奇的天赋，就连最冷酷、无情的人都能受到她的感染。"

有些女人生来就有与人交往的本领，她们无论对人对己、处世待人，举手投足与言谈行为都很自然得体，毫不费力便能获得他人的注意和喜爱。而有些女人就没有这种天赋，她们必须加以努力，才能获得他人的注意和喜爱。但不论是天生的还是后天努力的，其目的无非是博得他人的善意，而获得善意的种种途径和方法，便是“人格”的发展。

提升人格魅力，首先是与那些有魅力的人交往。通常情况下，我们会发现，有些人即使与我们偶然相识，只有一面之缘，也能引起我们的注意，使我们在不知不觉中向他们靠近，最终成为朋友。在这个过程中，我们的人格无形中也得到了发展。

其次，在与人交往的过程中，最重要的是真诚，只有真诚才能换来对方的信任和喜欢。所以，真诚无私能为一个女人增添许多内在的吸引力。

1968年，美国心理学家安德森制作了一张表，列出550个描写人的性格品质的形容词。他让大学生们指出他们所喜欢的品质。研究结果显示，大学生们评价最高的性格品质是“真诚”。在8个评价最高的形容词中，竟有6个与真诚有关：真诚、诚实、忠实、真实、可信、可靠。而评价最低的品质是：说谎、装假和不老实。

人的个性千差万别，一方面是受遗传因素的影响，另一方面是生活环境和个人修养使然。但这并不意味着一个人对自己个性的塑造就应完全顺其自然。相反，为了提升自己的人格品质，我们应该努力克服对自己不利的性格因素，寻找能为自己的个人魅力加分的良方。

女人的人格魅力和她的智力、受教育程度一样，与她的前途息息相关。所以，努力提升你的人格魅力吧，那样不仅能提升你的人气指数，还能使你拥有不可限量的发展前途。

3. 守住做人的底线

在人际交往中，即便你们之间如此亲密，甚至他也曾经有一瞬间为你的性感而迷惑，但一定不要逾越最后的防线。一旦逾越男女最后的防线，你便不再是他心目中的你，他也不是你心目中的他，甚至你们都不再知道自己是谁。这绝对不是你想要的结果。

一位刚刚参加工作的女大学生，本来已有男友，但她却对顶头上司崇拜至极，还禁不住向他表露爱慕之情。女大学生原以为，以自己冰清玉洁的美女之姿向上司示爱，上司一定会被感动。谁知上司立马与她疏远，交办工作时板着个脸，根本不正眼看她。

女大学生交没有放弃，有一次，她偷偷塞了张纸条给他："您别害怕，我并不要您抛弃自己的家庭，只要求您与我进行婚外之恋，仅此而已。"结果，她被上司狠批了一通，要求她不要搞这些名堂。她当时瞥了一眼上司的表情，那是一种坚定的神情，一下子便把她威慑住了。

毋庸讳言，女性的贵人大多数是男性，因为当今世界仍然是由男人主导的。女人要借助于这些男贵人，就有一个如何处理彼此关系的问题。

小孙是一个聪明的女人。由于职业的关系，她需要结交各行各业的男人。这些男人中既有谦谦君子，也有龌龊小人，更有好色之徒。有时，即便谦谦君子也免不了对她怀有非分之想，因为她是那么年轻漂亮，又富有文采。

小孙了解他们的心情，但是她更懂得"世上没有白吃的午餐"。所以，每当男人主动提出送她什么手机、钻石项链，热切地承诺帮她调动、办事，隔三岔五地请她吃饭、跳舞时，她第一个反应就是："拿人手短，吃人嘴软，欠他的情我用什么来补偿呢？”因此，她常以合情合理的托词婉拒对方，既不伤人脸面，也逃脱了狼一样的追逐。

十几年过去了，她依然保持着自己的清纯和自尊，没有被哪个有权的男人俘获，也没有被哪个有钱的男人征服。很多朋友和她相识相交多年，都愈来愈敬重她、喜爱她，因为她的美丽聪明，更因为她的坚守底线。

贵人的重要性不言而喻，因为贵人可以帮助我们成长，提高我们的素质和能力，但是，与贵人相处也要讲究技巧。

（1）保持礼貌和尊重。始终保持礼貌和尊重，不要有任何超越工作关系的举动或话语。

（2）保持专业。尽量避免个人化或情感化的讨论，保持专业的态度和言行，以展现自己的专业素养和能力。

（3）建立积极的关系。通过适当的社交活动或专业会议等方式，与对方建立更深入的联系。

（4）注意细节。在交往的过程中，注意自己的言行举止和身体语言，避免任何可能引起误解的细节，比如过于亲密的肢体接触或不当的言论。

（5）保持感恩之心。对于贵人的支持和帮助，要保持感恩之心，并寻找恰当的机会予以回报。同时尽可能地展示自己的专业素养和能力，从而证明自己的价值和潜力。

总的来说，女人不论与何种男人交往，都要给自己设置一条底线，哪些是底线内可以做的，哪些是底线内绝对不可以碰的。即使你和你的贵人是蓝颜知己，要使双方的关系长久维持下去，也必须守住这条底线。